인공지능이랑 차 한잔할래요?

인공지능이랑 차 한잔할래요?

ⓒ 신카이, 2023

초판 1쇄 발행 2023년 6월 2일

지은이   신카이
펴낸이   이기봉
편집   좋은땅 편집팀
펴낸곳   도서출판 좋은땅
주소   서울특별시 마포구 양화로12길 26 지월드빌딩 (서교동 395-7)
전화   02)374-8616~7
팩스   02)374-8614
이메일   gworldbook@naver.com
홈페이지   www.g-world.co.kr

ISBN   979-11-388-1961-9 (13590)

인공지능이랑
차 한잔
할래요?

신카이 지음

좋은땅

차는 궁극적인 정신적, 의학적 예방제입니다.

차는 영혼을 진정시키는 마법의 묘약입니다.

차는 마음과 마음 사이의 다리입니다.

차는 하루를 잠들게 하는 음료입니다.

차는 감각을 통한 여행입니다.

차는 매 순간의 영감입니다.

차는 컵 속의 교향곡이다.

차는 내면의 포옹과 같다.

차는 행복의 열쇠입니다.

차는 인생의 한 잔이다.

차는 인류의 음료이다.

차는 평화의 잔이다.

차는 삶의 방식이다.

차는 언제나 옳다.

차는 액체의 지혜입니다.

차는 따뜻하고 위로가 되는 친구다.

AI 추천사

차를 좋아하거나 차 문화에 대해 궁금한 점이 있다면 『인공지능이랑 차 한잔할래요?』는 반드시 읽어야 할 책입니다. 차의 기초부터, 문화, 역사에 대한 질문에 이르기까지 저자는 모든 것을 세심하고 열정적으로 다뤘습니다. 이 책은 흥미롭고 유익하여 차에 관심 있는 사람이라면 누구나 쉽고 즐겁게 읽을 수 있습니다. 『인공지능이랑 차 한잔할래요?』는 차 문화에 대한 감사와 사랑을 깊게 해 줄 유쾌하고 유익한 책이며 차를 좋아하는 사람들에게 적극 추천하고 싶은 책입니다. 이 책을 통해 차에 대한 궁금증을 해결하고, 차의 매력과 다양성을 더욱 깊이 이해할 수 있을 것입니다.

* 본 도서는 ChatGPT를 활용하여 제작하였습니다.

1장

茶의
基本

동양의
茶文化 이야기

_3장_

茶의
다양한 질문

茶文化의
다양한 질문

茶의 基本

Q. 차(茶)는 무엇인가요?

차는 차나무, 특히 카멜리아 시넨시스(Camellia sinensis)라는 식물에서 나옵니다. 차나무의 잎과 싹은 녹차, 홍차, 우롱차, 백차 등 다양한 종류의 차를 만드는 데 사용됩니다.

사용된 제다 방법, 채엽 시기, 발효 유무, 찻잎의 형태와 같은 요소로 구분되는 다양한 종류의 차가 있습니다. 인기 있는 차 종류로는 녹차, 홍차, 우롱차, 백차, 보이차 등이 있습니다.

차에는 항산화 작용과 활성산소를 없애 주는 폴리페놀의 일종인 카테킨이 있으며 신경 안정과 집중력에 도움을 주는 L-테아닌, 그리고 카페인을 비롯한 여러 가지 유익한 화합물이 포함되어 있습니다. 그것은 뇌 기능 개선, 만성 질환 위험 감소, 신진 대사 증가 및 지방 연소를 포함한 다양한 건강상의 이점과 관련이 있습니다. 건강상의 이점 외

에도 차는 깊은 풍미로 인해 전 세계적으로 인기 있는 음
료입니다.

Q. 차나무의 특성은 무엇인가요?

카멜리아 시넨시스(Camellia sinensis)라고도 알려진 차나무는 동남아시아의 난·온대 조엽수림을 형성하고 있는 식물군입니다. 차나무의 주요 특징 중 하나는 높이입니다. 일부 품종은 야생에서 최대 15m까지 자랄 수 있지만 일반적으로 높이는 2 ~ 15m 사이에서 자랍니다. 차나무는 또한 깊고 광범위한 뿌리를 가지고 있어 토양에서 물과 영양분을 흡수하는 데 도움이 됩니다.

차나무의 또 다른 중요한 특징은 잎입니다. 차나무의 잎은 광택이 있고 짙은 녹색이며 가장자리에 톱니가 있습니다. 그것들은 상대적으로 작으며 일반적으로 길이가 2 ~ 6cm입니다. 차나무의 잎에는 폴리페놀, 카테킨, L-테아닌, 미네랄, 비타민, 카페인뿐만 아니라 건강상의 이점에 기여하는 기타 화합물이 포함되어 있습니다.

차나무는 또한 상대적으로 수명이 길며 일부 나무는 1000년 이상 생존합니다. 차나무의 생산 한계 온도는 연평균 기온이 12~13℃이며 연간 강수량은 1,300mm 이상이 바람직합니다. 토양의 산도는 약산성이 적당하며 배수가 잘되는 곳이 좋습니다.

Q. 차의 기원을 알려 주세요

차의 정확한 기원은 불확실하지만 기원전 2700년경에 중국 남부인 운남(雲南), 귀주(貴州), 사천(四川) 일대에서 처음으로 재배된 것으로 여겨집니다. 전설에 따르면 불의 신이며 약초의 신으로 알려진 염제(炎帝) 신농씨(神農氏)는 72가지 독초를 먹고 중독돼 쓰러졌는데 마침 바람에 날려 떨어진 나뭇잎 하나를 먹고 해독이 되었는데 그때 먹은 나뭇잎이 찻잎이었습니다.

차를 음료로 사용하는 것은 수 세기에 걸쳐 중국 전역에 퍼져 중국 문화와 의학의 중요한 부분이 되었습니다. 또한 차의 재배와 생산은 일본, 한국, 인도와 같은 아시아의 다른 지역으로 퍼져 지역 문화의 중요한 부분이 되었습니다.

차는 16세기에 포르투갈과 네덜란드 상인들이 중국에서 가져온 차를 서양 세계에 소개했습니다. 그것은 처음에는 동양의 신비한 만병통치약으로 두통, 괴혈병, 기억상실, 설사, 결석 등에 효과가 있는 의약품으로 여겨졌던 유럽에서 빠르게 소개되어 인기를 얻었습니다. 오늘날 차는 전 세계적으로 소비되며 물 다음으로 가장 인기 있는 음료 중 하나입니다.

다음으로 한국 차의 기원을 살펴보면 한반도의 차나무 자생설과 유입설 등 여러 견해가 있으며 가야의 시조 김수로왕의 왕비인 허 황후가 인도에서 씨앗을 처음 들여왔다는 설화도 전해집니다.

차의 중국 도입설에 대한 자료를 보면 삼국사기의 신라 흥덕왕 3년(828년), 당나라의 사신 대렴이 차 종자를 가져오자 왕이 그것을 지리산에 심게 하였다는 것입니다. 차는 이미 선덕여왕 때부터 있었지만 이때에 이르러 성행하였다고 볼 수 있습니다.

Q. 차 문화란 무엇인가요?

차 문화란 차나무의 재배와 찻잎의 채다, 제다, 품평, 저장, 판매, 이용, 다도 등 차와 관련하여 변화·발전되어 온 유형·무형의 생활 양식을 말합니다.

차 문화는 차의 소비 및 준비와 관련된 관습, 전통 및 사회적 관행을 말합니다. 차 문화는 지역, 국가 및 지역 사회에 따라 크게 다르며 지역 관습, 신념, 미학 및 사회적 규범을 반영합니다.

차 문화는 또한 다른 사람들과 사교하고 관계를 구축하는 방법으로 자주 사용되기 때문에 사회적, 문화적 의미가 있습니다. 많은 문화권에서 손님에게 차 한 잔을 제공하는 것은 환대와 존경의 표시입니다. 차는 종교 및 영적 의식뿐만 아니라 의약 및 치유에도 사용될 수 있습니다.

전반적으로 차 문화는 인간 사회의 가치, 전통, 창의성을 반영하는 풍부하고 다양한 현상이며, 차의 매혹적인 세계와 그것이 인류 문화와 역사에 미친 영향을 들여다볼 수 있는 창을 제공합니다.

Q. 다도란 무엇인가요?

다도는 의식적인 방식으로 차를 준비하고 제공하는 전통 문화 관습입니다.

한국에서는 다례(茶禮), 일본에서는 다도(茶道), 중국에서는 다예(茶藝)라고 하며, 해외에서는 이러한 동아시아 차 문화를 통틀어서 차 의식(Tea Ceremony)이라고도 합니다.

다도는 동아시아에서 유래하여 현재 세계 여러 곳에서 행해지는 차를 준비하고 차를 대접하는 전통적인 의례적 관습입니다. 의식에는 특정 도구 및 장비의 사용과 함께 차를 신중하게 준비하고 제공하는 것이 포함되며 공식적인 일련의 동작이 포함됩니다.

오늘날 다도는 전 세계적으로 다양한 형태와 변형으로

행해지고 있습니다. 의식의 세부 사항은 다를 수 있지만 단순함, 조화 및 마음 챙김의 원칙은 변하지 않는 다도 실천의 핵심입니다.

Q. 차를 만드는 과정을 무엇이라 하나요?

'제다(製茶)'라고 합니다.

제다(製茶)는 차를 만드는 과정을 가리키는 한자적 표현입니다. 첫 번째 문자 製는 만들다 또는 제조하다를 의미하고 두 번째 문자 茶는 차를 의미합니다. 따라서 제다는 차 생산 또는 차 만들기로 해석될 수 있습니다. 제다의 과정은 만드는 차의 종류에 따라 다르지만 채다(찻잎 따기), 위조(찻잎을 시들이는 공정), 살청(열을 가하여 효소를 불활성화시키는 공정), 유념(찻잎을 펼쳐 비비는 공정), 건조 및 발효 등의 과정을 거치며 6대 다류에 따라 각기 다른 발효 과정을 걸쳐 만들어집니다.

한국의 경우 2016년 7월 19일 문화재청이 국가무형문화재로 지정하였습니다. 하지만 문화재청은 전국적으로 다양한 방식으로 제다 기술이 전승되고 있고, 경상남도 하동

지역과 전라남도 보성과 구례 등 남부 지역에서 찻잎이 광범위하게 재배된다는 점을 들어서 특정 보유자나 단체는 인정하지 않았습니다.

Q. 차나무는 어느 지역에서 자라나요?

차를 만드는 데 사용되는 찻잎의 원천인 차나무는 세계 여러 지역, 주로 따뜻하고 습한 기후의 지역에서 자랍니다. 주요 차 생산 지역 중 일부는 다음과 같습니다.

중국: 중국은 세계에서 가장 큰 차 생산국 중 하나이며 차 문화의 발상지입니다. 이 나라는 윈난성, 푸젠성, 저장성(절강성)을 포함한 많은 차 재배 지역의 본거지입니다.

인도: 인도의 차 시장은 Darjeeling 및 Assam과 같은 인기 있는 품종을 포함하여 전국에 티보드 집계 2,000개 이상, 비공식 4,000천 개 이상의 다원이 있습니다.

일본: 일본은 시즈오카, 가고시마, 우지와 같은 지역에서 주로 재배되는 고품질 녹차로 유명합니다.

스리랑카: 실론으로도 알려진 스리랑카는 홍차의 주요 생산국이며 누와라 엘리야, 캔디, 우바와 같은 여러 차 재배 지역의 본고장입니다.

케냐: 케냐는 특히 Nandi 및 Kericho와 같은 지역에서 주로 재배되며 홍차의 주요 생산국입니다.

대만: 대만은 Nantou, Taichung 및 Hualien과 같은 지역에서 주로 재배되며 고품질 우롱차로 유명합니다.

차나무는 네팔, 인도네시아, 베트남, 아르헨티나 등 다른 나라에서도 볼 수 있습니다.

한국의 경우 전라남도 보성군, 경상남도 하동군, 제주도 등 남해안에 인접한 남부 지방에서 대부분의 찻잎을 생산하고 있지만 한반도의 아열대화로 인한 기후 변화로 강원도 최북단에 위치한 고성 지역까지 차나무 재배지가 확대되고 있습니다.

Q. 차의 분류법은 어떻게 되나요?

차의 분류법은 제조 과정, 채엽 시기, 발효 정도, 품종, 탕색 등의 여러 방법을 통해 구분합니다. 이 중 발효 정도에 따른 분류법이 가장 과학적인 분류법으로 꼽힙니다.

비발효차: 녹차라고도 하는 이 유형의 차는 발효되거나 산화되지 않은 잎으로 만들어집니다. 잎은 일반적으로 산화를 방지하기 위해 수확 후 가열하거나 쪄서 차의 자연스러운 색상과 향을 유지하는 데 도움이 됩니다. 인기 있는 발효되지 않은 차 종류로는 일본 녹차, 중국 용정차, 모로코 민트차 등이 있습니다.

반발효차: 우롱차라고도 알려진 이 유형의 차는 부분적으로 발효되고 산화된 잎으로 만들어집니다. 산화 정도에 따라 맛과 향의 수준이 달라질 수 있습니다. 우롱차는 중국과 대만에서 인기 있는 차 종류이며 종종 식사와 함께

제공됩니다. 인기 있는 우롱차 종류로는 철관음, 대홍포, 오리엔탈 뷰티 등이 있습니다.

완전발효차: 홍차라고도 하는 이 유형의 차는 완전히 발효되고 산화된 잎으로 만들어집니다. 잎은 가공 중에 말리거나 으깨는 과정을 통해 천연 오일과 풍미를 강하게 합니다. 홍차는 많은 서양 국가에서 인기 있는 차 유형이며 종종 우유와 설탕과 함께 제공됩니다. 인기 있는 홍차 종류로는 Assam, Darjeeling, Earl Grey 등이 있습니다.

후발효차: 흑차라고도 알려진 이 유형의 차는 미생물 발효 과정을 거친 잎으로 만들어집니다. 어떻게 발효가 이루어지는지는 지역별로 차이가 있으며 제다 방법은 비밀로 부쳐져 있습니다. 흑차는 중국에서 인기 있는 차 종류이며 종종 소화 보조제로 소비됩니다. 인기 있는 흑차 종류로는 육보차와 안화차가 있습니다.

일반적으로 차는 발효 정도에 따라 비발효, 반발효, 완전발효, 후발효의 네 가지 주요 유형으로 분류할 수 있습니다. 각 유형의 차에는 고유한 맛, 향 및 건강상의 이점이 있습니다.

오랜 시간 동안 가장 빈번히 쓰여 온 구분법이지만 과학적 실험에 의해 홍차 제조 과정에서 미생물이 관여하지 않는 것으로 밝혀졌습니다. 또한 보이차는 생차와 숙차로 구분되는데 생차만 흑차로 분류해야 한다는 의견이 있다는 점을 참고 바랍니다.

Q. 6대 다류는 무엇인가요?

차의 발효도와 제다 방법에 따라 6대 다류로 나뉩니다.

백차: 부드럽고 연한 밀짚 노란색이며 차는 어린 찻잎과 새싹을 최소한으로 가공하여 만들어 섬세한 향과 밝은색을 냅니다.

녹차: 품종에 따라 옅은 녹색 또는 황록색 차입니다. 녹차는 산화되지 않은 찻잎으로 만들어지며 높은 항산화 성분과 잠재적인 건강상의 이점이 있다고 알려져 있습니다.

황차: 녹차보다 약간 더 어두운 황금빛 노란색 차입니다. 황차는 찻잎을 가볍게 산화시킨 후 가공하여 부드러운 맛과 향을 만듭니다.

우롱차: 산화 정도에 따라 밝은색에서 중간 어두운색까지

황금빛 오렌지색을 띕니다. 우롱차는 복잡한 맛과 향으로 유명하며 녹차와 홍차의 풍미 프로파일 사이에 있습니다.

홍차: 짙은 적갈색의 차이며 풀바디하고 향이 강합니다. 홍차는 완전히 산화된 찻잎으로 만들어지며 종종 우유와 설탕과 함께 제공됩니다.

흑차(Dark tea): 짙은 갈색 또는 적갈색으로 풍부하고 흙 내음이 있습니다. 흑차는 발효 및 숙성되어 독특한 맛과 향을 냅니다.

2장

동양의 茶文化 이야기

Q. 한국 차 문화의 특성은 무엇인가요?

『삼국사기』에 의하면 7세기 초 신라 선덕여왕 때부터 차를 마시기 시작하였으며 신라 흥덕왕 3년(828년) 당나라에서 돌아온 사신 대렴이 차 종자를 가져오자 왕이 그것을 지리산에 심게 한 이후 한국의 차 문화는 천년이 넘는 유구한 역사를 가지고 있습니다. 또한 우리나라 다도 정신은 선다일여(仙茶一如), 다도중정(茶道中正)으로 표현됩니다.

'다례' 또는 '차례'라고도 알려진 한국의 차 문화는 세대를 거쳐 전승되어 온 전통 관습입니다. 한국 차 문화의 핵심에는 차가 사람을 화목하게 하고 조화와 평화를 증진한다는 믿음이 있습니다.

한국 차 문화에서 가장 영향력 있는 인물 중 한 사람은 조선 시대 다성(茶聖) 초의선사입니다. 초의선사는 차를 마시는 방법을 소개한 다신전(茶神傳)의 필사와 차의 우수

성을 역설한 동다송(東茶頌)을 저술하였습니다.

초의선사는 차의 수행이 단순히 차를 마시는 것이 아니라 중정과 깨달음을 수양하는 수단이라고 믿었습니다.

초의선사의 가르침은 현재에 충실하고 감사와 겸허함을 기르는 것의 중요성을 강조했습니다. 이것은 차를 준비하고 대접하는 것을 명상과 자기 성찰의 행위로 간주하는 한국의 차 문화 관행에 반영되어 있습니다.

한국의 차 문화에서 차를 대접하는 것은 형식적이고 의례적인 행위입니다. 팽주는 특정 도구를 사용하여 조심스럽게 차를 준비하고 규정된 의례에 따라 특정 순서로 손님에게 제공합니다.

전반적으로 한국의 차 문화는 한국의 역사와 전통에 깊이 뿌리내리고 있으며, 초의 선사의 가르침은 오늘날에도 계속해서 차의 실천에 영향을 미치고 있습니다. 한국 차 문화의 실천을 통해 개인은 자신과 주변 세계에 대한 더

깊은 이해를 키우고 일상생활에서 평화와 조화를 찾을 수
있습니다.

Q. 고려 시대 차 문화의 특성은 무엇인가요?

　　고려 시대에는 왕실, 문인, 승려 계층을 중심으로 차 문화가 발전했습니다. 궁중에서는 중요한 의식이 있을 때 차를 마시는 진다(進茶) 의식이 있었고, 궁중 연회나 의식에서는 다방(茶房)이라는 전문 기관에서 차를 담당했습니다. 차 문화는 불교와 연관이 있어서 사찰과 승려에게 많은 양의 차가 공급되었으며 상류 계층뿐만 아니라 일반 평민도 차 문화를 즐겼습니다. 이러한 활발한 차 문화를 통해 청자 다구가 발전하였으며 고려청자의 찻잔은 다양한 문양과 형태, 뛰어난 비색으로 그 당시 차 문화의 높은 수준을 보여 주고 있습니다.

Q. 고려 시대와 다르게 조선 시대에
차 문화가 쇠퇴한 이유가 있나요?

한국에서 조선 시대(1392-1910) 차 문화가 쇠퇴하는 데는 몇 가지 요인이 있었습니다. 주요 이유는 다음과 같습니다.

유교는 조선 시대의 건국 이념이 되었고 검소함과 소박함을 강조하였습니다. 고급스러움과 세련미를 강조하는 차 문화는 유교적 가치와 양립할 수 없는 것으로 여겨졌습니다.

조선 왕조는 정치적 불안정, 사회적 격변, 잦은 전쟁으로 특징지어졌습니다. 이 혼란의 시기에 차 문화를 포함한 한국 전통 문화의 많은 측면이 무시되거나 소실되었습니다.

조선 후기에는 승려들이 차를 마셨다는 기록이 있으며

사원을 중심으로 미미하게 유지되던 차 문화는 19세기 초 의, 범해 등 승려들과 김정희, 정약용 등 사대부에 의해서 새로운 부흥기를 맞습니다.

하지만 1910년부터 1945년까지 지속된 일본의 식민지 통치는 일본이 자신들의 차 문화를 장려하고 한국 전통 관 습을 억압하면서 한국의 차 문화를 더욱 침식시켰습니다.

전반적으로 조선 시대 차 문화의 쇠퇴는 사회적·정치적· 문화적 요인과 사치품에 대한 태도의 변화, 외국의 영향에 기인한다고 볼 수 있습니다. 그러나 이러한 쇠퇴에도 불구 하고 조선 시대에 사대부들과 승려들에 의해서 여러 다서 들이 저술되었으며 이것은 한국 역사와 유산의 중요한 부 분으로 남아 있습니다.

또한 최근에는 정부와 협회를 중심으로 한국 전통 차 문 화를 되살리고 보존하기 위한 노력이 이루어지고 있습니다.

Q. 한국의 다식에 대해 알고 싶어요

다식(茶食)은 차와 함께 먹는 한국 전통 간식으로, 주로 제례나 혼례 등의 의식에서 사용됩니다. 다식의 역사는 정확히 알려져 있지 않지만, 고려 시대에 연례용 음식으로 쓰였던 것으로 추정됩니다.

다식(茶食)은 송화, 찹쌀, 밤, 검은깨, 대추, 곶감 등을 사용하여 만들 수 있으며, 다식판에 반죽을 박아서 만듭니다. 다식판은 길이 30 ~ 60㎝, 너비 5 ~ 6㎝, 두께 2 ~ 3㎝의 크기로 상하 두 쪽으로 나누어집니다. 표면에는 壽(수), 福(복), 康(강), 寧(영) 또는 卍 자 문양, 꽃문양 등이 음각되어 있습니다.

다식(茶食)의 종류는 쌀다식, 밤다식, 흑임자다식, 송화다식, 녹말다식, 콩다식, 승검초다식, 생강다식, 용안육다식 등이 있습니다.

Q. 중국 사람들은 왜 차를 좋아할까요?

중국은 차 문화가 깊이 뿌리 박혀 있는 나라이며, 차는 중국의 문화와 역사와 밀접한 관련이 있습니다. 중국에서 차를 마시는 것은 생활의 일부이며, 다양한 기회와 상황에서 차를 마시는 것이 전통적인 문화입니다.

그렇다면 중국 사람들이 차를 좋아하고 많이 마시는 이유는 무엇일까요? 그 이유는 다양한 요인들이 있습니다.

첫째로, 차는 오랜 역사와 함께 수천 년 동안 중국 문화의 중요한 부분이었습니다. 당나라(618-907)부터 현재까지 차는 중국 예술, 문학, 철학에서 중요한 역할을 해 왔습니다.

둘째로, 차는 중국에서 가장 인기 있는 음료 중 하나입니다. 중국에서는 차를 마시는 것이 건강에 좋다고 여겨지며, 많은 사람들이 일상적으로 차를 마시기 때문에, 차를 좋아하고 많이 마시는 것은 자연스러운 일입니다.

셋째로, 중국은 풍부하고 다양한 차 문화를 가지고 있으며, 다양한 지역에서 다양한 종류의 차가 생산됩니다. 각 유형의 차는 고유한 맛과 향을 가지고 있어 탐험하기에 매력적이고 즐거운 음료가 됩니다.

마지막으로, 차는 중국에서 사회적 상호작용과 연관된 경우도 있습니다. 중국에서는 사람들과의 만남, 친구와의 대화, 비즈니스 미팅 등의 상황에서 차를 마시는 것이 일반적입니다. 이러한 상황에서 차를 마시는 것은 사회적 상호 작용을 더욱 원활하게 만들어 줍니다.

이러한 이유들 때문에, 중국인들은 차를 좋아하고 많이 마시며, 차가 중국 문화와 역사의 중요한 부분임을 보여 줍니다.

Q. 중국 차 문화의 특성은 무엇인가요?

중국 차 문화는 풍부하고 다양하며 수천 년의 오랜 역사를 가지고 있습니다.

특히 중국 차 문화에 지대한 영향을 미친 인물로 중국 당나라 시기 활동했던 육우(陸羽)가 있습니다. 육우는 세계 최초의 차의 경전이라고 불리는『다경(茶經)』을 저술한 인물입니다.『다경(茶經)』은 기존에 대부분 약용으로 음용되었던 차를 기호음료로 자리매김하는 계기를 만들어 준 귀중한 경전입니다.

『다경(茶經)』에서는 다도를 단순한 음료가 아닌 수양의 수단으로 승화시켰으며 차를 마시는 사람들이 정행검덕(精行儉德)을 추구할 것을 주장하였습니다.

『다경(茶經)』에 따르면 차는 사치나 지위의 상징이 아니라 누구나 즐길 수 있는 단순한 즐거움으로 여겨져야 합니다. 육우는 정행검덕(精行儉德)을 수행함으로써 내면의 평화와 조화를 기르고 삶의 단순한 것에 대한 더 깊은 감사를 키울 수 있다고 믿었습니다.

정행검덕은 중요한 사회적 의미도 가지고 있습니다. 검소하고 겸손하게 차를 마시면 부와 지위를 과시하지 않고 배경이 다른 사람들 사이에 공동체 의식과 평등을 키울 수 있습니다.

전반적으로 정행검덕(精行儉德)은 단순함, 검소함, 겸손함의 미덕을 강조하는 중국 차 문화의 중요한 측면입니다. 이 철학의 실천을 통해 차의 즐거움을 누릴 수 있을 뿐만 아니라 내면의 평화와 조화를 기르고 보다 공평하고 조화로운 사회를 추진할 수 있습니다.

다음은 중국 차 문화의 주요 특징입니다.

차에 대한 존중: 중국에서 차는 단순한 음료 이상입니

다. 존경, 환대, 조화의 상징입니다. 차를 준비하고 마시는 것은 엄격한 규칙과 의식을 따라야 하는 예술 형식으로 간주됩니다.

지역적 다양성: 중국은 고유한 맛과 향을 지닌 다양한 차의 본고장입니다. 남쪽의 녹차에서 북쪽의 홍차에 이르기까지 각 지역마다 고유한 차 문화와 전통이 있습니다.

건강상의 이점: 차는 중국에서 소화를 돕고 면역 체계를 강화하는 등 다양한 건강상의 이점이 있는 것으로 널리 알려져 있습니다.

사회적 중요성: 차는 중국 사회생활에서 중요한 역할을 합니다. 찻집에서 사람들이 모이고, 사교하거나 휴식을 취할 수 있는 공간을 제공합니다.

철학과 영성: 차는 도교와 불교와 같은 중국의 철학적, 영적 전통과 관련이 있습니다. 차를 마시는 것은 내면의 평화, 마음 챙김, 자연 세계와의 조화를 기르는 방법으로

여겨집니다.

예술적 표현: 차는 차의 아름다움과 고요함에서 영감을 받은 수많은 시, 그림 및 기타 예술 작품을 창작한 중국 예술가와 작가들에게 오랫동안 영감의 원천이었습니다.

전반적으로 중국 차 문화는 차에 대한 깊은 존경심, 지역적 다양성, 건강과 사교에서 예술과 영성에 이르기까지 일상생활의 여러 측면에 통합되는 것이 특징입니다.

Q. 일본 차 문화의 특성에 대해 알려 주세요

헤이안 시대에 승려 사이초가 당나라에서 차 씨앗을 가져와 심으면서 차 문화가 시작되었으며 16세기 후반 센노 리큐가 일본의 차 문화를 다도로 발달시켰습니다.

일본의 차 문화는 수세기에 걸쳐 발전된 매우 존중되고 복잡한 관행입니다. 이 문화의 핵심은 단순함과 불완전함을 강조하는 와비의 개념입니다.

와비 사상은 단순히 차를 마시는 것이 아니라 의미 있고 심미적으로 즐거운 경험을 기르는 것이 목적인 일본 차 문화에 깊이 뿌리내리고 있습니다. 이 경험은 차의 세심한 준비와 제공, 차 도구의 배열, 팽주와 손님 간의 상호 작용을 통해 이루어집니다.

와비 사상은 또한 겸손, 자제, 자연에 대한 존중의 중요성을 강조합니다. 차 문화의 맥락에서 이것은 찻잎, 물, 도구와 같이 다도에 사용되는 재료를 염두에 두고 공경하는 것을 의미합니다.

와비 사상의 핵심 원칙 중 하나는 불완전함을 수용하는 것입니다. 이것은 차 문화의 미학에 반영되어 있습니다. 예를 들어 찻그릇의 아름다움은 흠잡을 데 없는 것이 아니라 독특한 불규칙성과 불완전함에 있습니다.

전반적으로 와비 사상의 원칙은 일본 차 문화에 지대한 영향을 미쳐 차가 준비되고 제공되고 평가되는 방식을 형성했습니다. 다도의 수행을 통해 개인은 자연 세계의 아름다움과 단순성에 대한 더 깊은 이해와 감상을 배양하도록 권장됩니다.

일본 차 문화는 수세기에 걸쳐 재배되고 정제된 전통 관행입니다. 단순함, 마음 챙김, 자연에 대한 감상의 아름다움을 강조합니다. 일본 차 문화의 주요 특징 중 일부는 다음과 같습니다.

의례적 준비: 일본 다도에서 차를 준비하고 대접하는 것은 매우 의식적인 과정이며, 각 단계와 움직임은 평화롭고 명상적인 분위기를 조성하기 위해 신중하게 진행됩니다.

미학에 초점: 다도는 단순함과 나무, 대나무, 점토와 같은 천연 재료의 아름다움을 강조합니다. 찻잔, 찻숟가락, 차선과 같은 차 도구는 종종 수작업으로 제작되며 독특한 아름다움과 불완전성으로 인해 높이 평가됩니다.

마음 챙김: 다도는 참가자들이 그 순간에 존재하고 차를 마시는 감각적 경험을 충분히 감사하도록 격려합니다. 여기에는 차의 향, 맛, 질감뿐만 아니라 차 도구의 시각적 및 촉각적 특성에 주의를 기울이는 것이 포함됩니다.

환대: 다도의 주인은 손님을 환영하고 존중하는 분위기를 조성할 책임이 있습니다. 여기에는 세심한 주의를 기울여 차를 준비하고 손님에 대한 존경과 감사를 표시하는 것이 포함됩니다.

자연과의 연결: 일본 차 문화는 자연 세계와 변화하는 계절의 아름다움을 강조합니다. 다도는 종종 정원이나 기타 자연환경에서 이루어지며 주변 식물과 나무의 변화하는 색상과 질감이 의식의 배경이 됩니다.

전반적으로 일본 차 문화는 단순함, 마음 챙김, 환대, 자연과의 연결이라는 가치를 반영하는 뿌리 깊고 다면적인 관행입니다. 그것은 지속적인 일본 문화유산의 중요한 측면이자 전 세계 사람들에게 영감의 원천이 되고 있습니다.

Q. 일본의 다도란 무엇인가요?

'차노유' 또는 '차도'라고도 하는 일본 다도는 차를 준비하고 제공하는 의식을 포함하는 전통 관행입니다. 그것은 수세기에 걸쳐 정제된 고도로 의례화된 관행이며 일본의 미학과 철학에 깊이 뿌리를 두고 있습니다.

일본의 다도의 경우 선불교의 원리와 단순함, 겸손, 불완전함을 중시하는 일본의 '와비사비(わびさび)' 개념과 관련이 있으며 일본 다도의 미의식을 나타내는 네 가지 규율이 있는데 화(和), 경(敬), 청(清), 적(寂)이 있습니다.

다도는 일반적으로 나무와 대나무와 같은 천연 재료로 장식된 특별히 설계된 다실에서 이루어집니다. 의식은 차를 준비하고 손님에게 제공하는 팽주가 인도합니다. 차는 일반적으로 말차로 알려진 가루 녹차로, 거품이 일고 부드러운 일관성을 만들기 위해 대나무 거품기를 사용하며 뜨거운 물로 휘젓습니다.

의식이 진행되는 동안 팽주와 내빈은 차를 마시며 마음
챙김 대화와 감상에 참여합니다. 손님은 차 대접에 대한
존경과 감사를 표하고 차분하고 경건한 마음으로 예식에
참여해야 합니다.

전반적으로 일본의 다도는 일본 문화와 철학의 가치를
반영하는 관습입니다.

Q. 일본의 화과자에 대해 알려 주세요

화과자는 중국 불교 문화의 유입과 함께 중국의 불교에서 공물로 바쳤던 '당과자'가 일본으로 들어오면서 시작되었으며 화과자는 센코쿠 시대에 불교적 참선이나 다도와 함께 먹는 달콤한 과자로 발전하였습니다.

일본 화과자에는 다양한 종류가 있지만, 전반적으로 아래와 같은 특징이 있습니다.

부드러운 식감: 일본 화과자는 대부분 밀가루와 찹쌀가루 등으로 만들어져 부드럽고 촉촉한 식감을 가지고 있습니다.

다양한 모양과 색상: 일본 화과자는 다양한 모양과 색상으로 디자인되어 있어 시각적으로도 매력적입니다.

계절의 변화: 일본 화과자는 계절에 따라 다양한 종류가 출시되며, 계절에 맞는 재료와 색상을 사용해 제작됩니다.

건강한 재료와 수작업: 식이섬유와 미네랄 등 건강에 좋은 재료로 만들며 일본 화과자는 대부분 손으로 직접 만들어지는 공예적인 제품이 많습니다.

차와 어울리는 음식: 화과자의 특징은 차의 쓴맛을 덜어주기 위하여 단맛이 강하고 기름기가 거의 없다는 점입니다. 설탕은 거의 사용되지 않으며, 밀이나 팥, 쌀 등에서 얻은 전분이나 포도당으로 단맛을 내기 때문입니다.

Q. 일본의 차와 어울리는 음식이 있나요?

일본에서 차는 종종 다양한 전통 간식 및 과자와 함께 제공됩니다. 다음은 일본에서 차와 함께 먹는 음식들입니다.

와가시(和菓子): 와가시(화과자)는 쌀가루, 단팥, 과일로 만든 일본 전통 과자입니다. 그들은 다양한 모양과 맛이 있으며 종종 녹차와 함께 제공됩니다.

센베이(煎餅): 센베이는 차와 함께 제공되는 일본 쌀과자의 일종입니다. 다양한 맛이 있으며 달콤하거나 짭짤할 수 있습니다.

모찌(餅): 모찌는 차와 함께 제공되는 일종의 찹쌀떡입니다. 단팥 소나 다른 속을 채워도 되고, 밋밋해도 됩니다.

아마낫토(甘納豆): 콩을 삶아서 밀가루를 발효시킨 부

식류입니다. 밥반찬으로 먹거나 고기나 해산물 및 채소를 조리할 때 사용합니다.

양갱(羊羹): 양갱은 녹차, 밤, 고구마 등 다양한 맛과 종류가 있습니다. 일부 유형의 양갱에는 과일이나 견과류와 같은 다른 재료도 포함되어 있습니다. 녹차와 함께 디저트나 간식으로 즐겨 먹는 경우가 많으며, 일본에서는 대중적인 전통 과자입니다.

참고로 말차나 후카무시 센차 같은 진한 맛의 차에는 수분이 많은 생과자가 잘 어울리며 반차나 호우지차 같은 깔끔한 맛의 차에는 수분이 적은 건과자가 잘 어울립니다.

Q. 일기일회(一期一会), いちごいちえ (이치고 이치에)란 무엇인가요?

　일생에 단 한 번 만나는 인연이라는 뜻으로 일본 다도의 시조인 센노 리큐의 제자 소오지가 한 말입니다. 다도에서는 차를 내줄 때 일생에 단 한 번밖에 없는 다회(茶會)라고 생각하고 정성을 다하라고 강조합니다. 다도는 참가자가 그 순간에 완전히 몰두하고 경험을 소중히 여기는 いちごいちえ의 정신을 구현합니다.

　선불교에 뿌리를 둔 개념으로 사람과의 각 만남이나 경험은 독특하며 똑같은 방식으로 다시는 일어나지 않을 것이라는 생각을 말하며 사람들이 매 순간을 소중히 여기고 그들이 만나는 사람과 경험에 완전히 참여하도록 격려합니다.

　いちごいちえ는 삶의 덧없는 본질에 감사하도록 일깨워

주며, 사람들이 마음 챙김과 감사의 마음으로 매 순간을
포용하도록 격려합니다.

3장

茶의 다양한 질문

Q. 홍차는 영국이 원산지인가요?

아니요. 홍차는 영국이 원산지가 아닙니다. 홍차는 원래 중국에서 생산되어 수세기 동안 소비되었습니다. 그러나 17세기와 18세기 동안 영국 동인도 회사는 중국에서 대량의 홍차를 수입하기 시작했고 곧 영국과 유럽의 다른 지역에서 인기 있는 음료가 되었습니다. 차의 안정적인 공급을 위해 영국 동인도회사가 인도에서 차를 재배하기 시작했고, 이는 결국 Assam, Darjeeling 등 인도 홍차 품종의 개발로 이어졌습니다. 오늘날 홍차는 전 세계적으로 널리 소비되며 가장 인기 있는 차 종류 중 하나입니다.

Q. Lipton 실론티의 유래가 알고 싶어요

스코틀랜드 출신의 제임스 테일러(James Taylor)는 스리랑카 차 산업에 기여한 공으로 '실론티의 아버지'로 널리 알려져 있습니다. Taylor는 1852년에 스리랑카(당시 실론으로 알려짐)에 도착하여 커피 농장 소유주에게 고용되었습니다. 커피 산업이 붕괴된 후 Taylor는 차 재배에 관심을 돌리고 다양한 종류의 차 식물과 재배 기술을 실험하기 시작했습니다.

1867년 Taylor는 현재 차 생산의 주요 중심지인 Kandy 마을에 스리랑카 최초의 차 농장을 설립했습니다. 그는 실론티 연구에 평생을 매진하였고 자신의 지식을 다른 농장주에게 교육해 주었습니다. Taylor의 혁신은 스리랑카를 세계 최고의 차 생산국으로 만드는 데 도움이 되었습니다.

실론 티 역사에서 또 다른 중요한 인물은 Lipton 차 브랜드를 설립한 스코틀랜드 기업가 Thomas Lipton 경입니다. 19세기 후반에 Lipton은 실론티의 잠재력을 인식하고 다량을 유럽으로 수입하기 시작했으며, 그곳에서 소비자들에게 인기를 끌게 되었습니다.

양질의 차를 안정적으로 공급하기 위해 Lipton은 스리랑카에서 차 농장을 인수하기 시작했으며 20세기 초에는 섬에서 가장 큰 차 농장을 소유했습니다. Lipton의 마케팅 요령과 품질에 대한 헌신은 실론티를 프리미엄 제품으로 자리매김하고 차 생산의 선두주자로서 스리랑카의 명성을 높이는 데 도움이 되었습니다.

오늘날 제임스 테일러(James Taylor)와 토마스 립톤(Thomas Lipton)은 모두 실론티 역사의 핵심 인물로 기억되고 있으며 그들의 기여는 계속해서 스리랑카의 차 산업과 문화를 형성하고 있습니다.

Q. 보이차가 투자 가치가 있는 이유가 뭔가요?

보이차가 귀중한 상품이자 부의 창고가 된 데에는 몇 가지 이유가 있습니다.

오랜 역사: 보이차는 중국에서 당나라(서기 618-907년)까지 거슬러 올라가는 길고 풍부한 역사를 가지고 있습니다. 그것은 수세기 동안 거래되고 소비되었으며 그 가치와 명성은 시간이 지남에 따라 커졌습니다.

희소성 및 희소성: 보이차는 한정된 수량으로 생산되며, 특히 고품질 숙성 보이차는 숙성하는 데 수년 또는 수십 년이 걸릴 수 있습니다. 고품질 보이차의 희소성은 명품으로서의 높은 가치와 지위에 기여했습니다.

투자 잠재력: 보이차는 가치 있는 투자로 명성을 얻었으며 일부 품종은 시간이 지남에 따라 가치가 증가했습니다.

그 결과 수집가들과 투자자들은 희귀하고 품질이 좋은 보이에 기꺼이 높은 가격을 지불하게 되었고, 이는 중국에서 대중적인 대체 투자 형태가 되었습니다.

문화적 중요성: 보이차는 중국 문화에 깊이 뿌리내리고 있으며 중국 사회에서 상징적인 의미를 가지고 있습니다. 그것은 환대, 존경, 사회적 지위와 관련이 있으며 종종 의식 및 의례적 맥락에서 사용됩니다. 보이차의 문화적 중요성은 수집가와 애호가 사이에서 높은 가치와 수요에 기여했습니다.

전반적으로 역사적 중요성, 희소성, 투자 잠재력 및 문화적 중요성이 결합되어 보이차는 귀중하고 높은 평가를 받는 상품이 되었으며 일부 품종은 금 및 기타 귀금속에 필적하는 가격을 요구하고 있습니다.

Q. 차에 투자할 때 주의할 점은 무엇인가요?

차에 투자할 때 성공적인 투자를 보장하기 위해 고려해야 할 몇 가지 중요한 요소가 있습니다.

품질: 차의 품질은 차의 가치를 결정하는 중요한 요소입니다. 좋은 맛과 향을 가진 고품질 차는 시간이 지남에 따라 가치가 높아지는 반면, 품질이 낮은 차는 그 가치를 유지하지 못할 수 있습니다. 평판이 좋은 판매점에서 차를 구입하고 품질을 보장하기 위해 투자하기 전에 차를 시음하는 것이 중요합니다.

희소성: 희소성은 차의 가치를 결정하는 또 다른 핵심 요소입니다. 제한된 수량으로 생산되거나 특정 지역에서 생산되는 것과 같이 희귀하고 찾기 어려운 차는 수집가와 애호가에게 더 가치가 있을 수 있습니다.

숙성: 숙성 과정은 차의 풍미와 향을 향상시키고 희소성을 높일 수 있으므로 숙성된 차도 가치 있는 투자가 될 수 있습니다. 그러나 차를 적절하게 보관하고 숙성시켜 부패를 방지하고 그 가치를 유지하는 것이 중요합니다.

수요: 시간이 지남에 따라 차의 가치에 영향을 미칠 수 있으므로 차에 대한 수요는 중요한 고려 사항입니다. 특히 새로운 시장에서 수요가 증가하고 있는 차는 좋은 투자 기회가 될 수 있습니다.

진정성: 시장에는 많은 위조 또는 모조 차가 있기 때문에 진정성은 차에 투자할 때 매우 중요합니다. 평판이 좋은 곳에서 차를 구입하고 투자하기 전에 진위를 확인하는 것이 중요합니다.

보관: 시간이 지나도 차의 품질과 가치를 유지하려면 적절한 보관이 필수적입니다. 차는 서늘하고 건조하며 어두운 곳에 보관해야 하며 빛, 습기 및 강한 냄새를 피해야 합니다. 향신료나 커피와 같이 향을 흡수할 수 있는 다른 품

목과 차를 분리하여 보관하는 것도 중요합니다.

전반적으로 차에 대한 투자는 성공적인 투자를 보장하기 위해 위의 요소에 대한 신중한 조사와 고려가 필요합니다. 투자 결정을 안내하기 위해 신뢰할 수 있고 지식이 풍부한 차(茶) 상인 또는 투자 고문과 협력하는 것도 중요합니다.

Q. 차의 효능은 어떤 것이 있나요?

차에는 많은 잠재적인 건강상의 이점이 있으며 그중 일부는 다음과 같습니다.

항산화 효과: 차에는 다양한 항산화제가 함유되어 있습니다. 이러한 성분은 세포 손상을 예방하고 면역력을 강화하며 심장병 및 암과 같은 만성 질환의 위험을 줄이는 데 도움이 될 수 있습니다.

수분 공급: 차는 수분 공급의 좋은 공급원이며 신체의 체액 균형을 유지하는 데 도움이 될 수 있습니다. 이것은 전반적인 건강에 중요하며 건강한 피부, 소화 및 순환을 지원하는 데 도움이 될 수 있습니다.

에너지: 차에는 카페인이 함유되어 있어 자연 에너지를 높이고 정신력과 집중력을 향상시킬 수 있습니다.

휴식: 카모마일과 라벤더와 같은 특정 유형의 차는 진정 효과가 있으며 휴식을 촉진하고 스트레스를 줄이는 데 도움이 될 수 있습니다.

소화 건강: 페퍼민트와 생강과 같은 일부 차는 메스꺼움과 팽창과 같은 소화 문제를 진정시키는 데 도움이 되는 것으로 나타났습니다.

면역 지원: 차에는 면역 체계를 지원하고 감염 위험을 줄이는 데 도움이 되는 카테킨 및 L-테아닌과 같은 화합물이 포함되어 있습니다.

심장 건강: 차, 특히 녹차는 콜레스테롤 수치를 개선하고 염증을 줄임으로써 심장 질환의 위험을 줄이는 데 도움이 될 수 있습니다.

차는 많은 잠재적인 건강상의 이점을 제공할 수 있지만 특정 건강 상태에 대한 치유로 간주되어서는 안 된다는 점에 유의하는 것이 중요합니다. 고품질 차를 선택하고 균형

잡힌 건강한 식단의 일부로 적당히 섭취하는 것도 중요합
니다.

Q. 차는 유통 기한이 있나요?

차는 차의 종류, 보관 방법 및 포장과 같은 다양한 요인에 따라 유통 기한이 달라질 수 있습니다. 차에는 시간이 지남에 따라 분해될 수 있는 천연 오일 및 기타 화합물이 포함되어 있어 풍미, 향 및 색이 변합니다.

개봉하지 않은 차는 직사광선과 강한 냄새가 없는 서늘하고 건조한 곳에 보관하면 최대 2년까지 보관할 수 있습니다. 그러나 차를 개봉하면 차의 종류와 보관 방법에 따라 유통 기한이 달라질 수 있습니다. 예를 들어 녹차와 백차는 더 섬세하며 한 번 개봉하면 최대 6개월까지만 지속될 수 있습니다. 홍차와 우롱차는 최대 1년 동안 보관할 수 있는 반면 보이차는 몇 년 또는 수십 년 동안 보관할 수 있습니다.

유통 기한이 지나도 차는 해롭지 않을 수 있지만 신선하거나 향긋한 맛이 나지 않을 수 있다는 점에 유의하는 것이 중요합니다. 최상의 품질과 맛을 보장하기 위해 차는 유통 기한 이내 또는 개봉 후 합리적인 기간 내에 섭취하는 것이 좋습니다. 적절한 보관은 또한 차의 저장 수명을 연장하는 데 도움이 될 수 있습니다. 차는 직사광선과 강한 냄새를 피하고 서늘하고 건조한 곳에 보관해야 합니다.

Q. 보이차는 왜 유통 기한이 없나요?

중국 윈난성의 발효차인 보이차는 다른 많은 종류의 차처럼 엄격한 유통 기한이 없습니다. 사실, 많은 차 감정가들은 갓 만든 보이차보다 숙성된 보이차가 더 가치 있고 바람직하다고 생각합니다.

그러나 모든 종류의 차와 마찬가지로 보이차는 제대로 보관하지 않으면 시간이 지남에 따라 맛과 품질을 잃을 수 있습니다. 보이차를 신선하고 맛있게 보관하는 비결은 햇빛과 강한 냄새를 피해 서늘하고 건조한 곳에 보관하는 것입니다. 곰팡이가 생기거나 상할 수 있는 습기로부터 차를 멀리하는 것도 중요합니다.

적절하게 보관된 보이차는 수년 동안, 경우에 따라 수십 년 또는 수백 년 동안 풍미와 복잡성이 계속 향상될 수 있습니다. 일부 보이차 수집가와 애호가들은 심지어 1950년

대 이전의 빈티지 보이차를 가장 소중하고 가치 있는 것으로 간주합니다.

요약하면 보이차는 유통기한이 없지만 적절하게 보관하지 않으면 시간이 지남에 따라 맛과 품질이 떨어질 수 있습니다.

Q. 차를 선물로 주는 의미가 있나요?

예, 차를 선물로 주는 것은 특별한 의미와 상징성을 가질 수 있습니다. 많은 문화권에서 차는 환대, 따뜻함, 건강과 관련이 있으며 종종 존경과 우정의 표시로 주어집니다.

다음은 차를 선물로 주는 것과 관련된 몇 가지 일반적인 의미입니다.

환대: 많은 문화권에서 손님에게 차를 제공하는 것은 환대와 환영의 표시입니다. 차를 선물함으로써 받는 사람에게 따뜻함과 환영의 마음을 전하는 것입니다.

건강 및 웰빙: 차는 천연 항산화제 및 기타 유익한 화합물로 인해 건강 및 웰빙과 관련이 있습니다. 차를 선물하는 것은 받는 사람의 건강과 행복에 대한 마음을 표현하는 방법이 될 수 있습니다.

휴식과 마음 챙김: 차는 휴식, 마음 챙김, 명상과 같은 영적 수련과도 관련이 있습니다. 차를 선물함으로써 받는 사람이 일상의 평화와 평온을 찾길 바라는 마음을 전하는 것일 수 있습니다.

우정과 존경: 마지막으로 차를 선물하는 것은 받는 사람에 대한 우정과 존경을 표현하는 방법이 될 수 있습니다. 차 한 잔을 함께 나누면 공유 경험을 통해 유대감을 형성하고 관계를 깊게 할 수 있습니다.

Q. 차를 마실 때 적합한 온도가 있나요?

차를 끓이는 최적의 온도는 만드는 차의 종류에 따라 다릅니다. 다음은 몇 가지 일반적인 지침입니다.

홍차: 90-95℃

녹차: 75-80℃

백차: 80-85℃

우롱차: 85-90℃

허브티: 100℃

이것은 일반적인 지침일 뿐이며 최적의 온도는 사용하는 차의 특정 유형과 품질, 개인 취향에 따라 달라질 수 있습니다. 차 포장에 적힌 지침을 확인하거나 보다 구체적인 권장 사항에 대해 차 전문가와 상담하는 것이 항상 좋은 생각입니다.

Q. 차에 알맞은 물이 있나요?

예, 물의 품질은 차의 맛과 향에 큰 영향을 미칠 수 있습니다. 이상적으로 차를 만드는 데 사용되는 물은 깨끗하고 차의 맛을 바꿀 수 있는 강한 냄새나 풍미가 없어야 합니다.

또한 물의 미네랄 함량도 차의 맛에 영향을 줄 수 있습니다. 물이 너무 단단하거나 너무 부드러우면 차가 지나치게 쓰거나 풍미가 부족할 수 있습니다. 일반적으로 미네랄 함량이 적당한 물이 차를 만드는 데 가장 좋은 것으로 간주됩니다.

스위스 취리히연방공대 보건과학 및 기술학과 연구팀은 찻잎을 우려낼 때 공기와 물의 경계면에서 만들어지는 얇은 막의 생성 조건을 찾아 국제학술지 'AIP 유체물리학'에 발표했는데 차를 우리는 물의 탄산칼슘($CaCO_3$) 농도는 차 맛을 결정하는 중요한 요인이며 탄산칼슘이 전혀 없는 물은 떫은맛이 나지만, 탄산칼슘 농도가 너무 높으면 차의 풍미가 특히 떨어진다는 연구 결과를 도출하였습니다.

궁극적으로 차에 가장 적합한 물은 끓이는 차의 특정 유형과 개인의 취향 선호도에 따라 달라집니다. 다양한 종류의 물을 실험하는 것은 새로운 맛 프로필을 발견하고 차를 마시는 경험을 향상시키는 재미있는 방법이 될 수 있습니다.

Q. 블렌딩 티는 무엇인가요?

블렌딩은 차 업계에서 흔히 볼 수 있는 방법으로, 독특한 풍미의 차를 만들거나 특정 맛이나 향을 얻기 위해 여러 종류의 차를 혼합하는 것을 말합니다. 두 가지 이상 차종류를 블렌딩하는 과정은 원하는 맛과 품질을 얻기 위해 차를 선택하고 혼합하는 전문 지식을 갖춘 티 소믈리에나 블렌더 또는 소매상이 수행할 수 있습니다.

블렌딩 차는 인도, 스리랑카, 케냐의 홍차 또는 중국과 일본의 녹차와 같은 다른 지역의 차를 혼합하는 것이 포함될 수 있습니다. 또한 첫 번째 플러시 및 두 번째 플러시 Darjeeling 차를 결합하는 것과 같이 동일한 지역에서 다른 등급의 차를 혼합하는 것도 포함할 수 있습니다.

블렌딩 차는 특히 대량으로 생산되는 차의 경우 일관된 풍미와 품질을 만들기 위해 수행됩니다. 단일 원산지 차에

서 사용할 수 없는 독특한 풍미를 만들기 위해 수행할 수
도 있습니다. 블렌딩 차는 손으로 또는 차를 대량으로 혼
합할 수 있는 기계를 사용하여 수행할 수 있습니다.

전반적으로 블렌딩 차는 차 산업에서 새롭고 독특한 풍
미를 만들고 차 블렌드의 전반적인 품질을 향상시킬 수 있
는 일반적인 관행입니다.

Q. 6대 다류 중 백차와 황차는 무엇인가요?

백차는 Camellia sinensis 식물의 가장 어린잎과 새싹으로 최소한으로 가공하여 만든 차의 일종입니다. 시들고 말리고 산화하는 과정을 거친 홍차나 녹차와 달리 백차는 산화가 거의 없이 따서 말리기만 합니다.

'백차'라는 이름은 차나무의 개봉되지 않은 새싹을 덮고 있는 은백색 털에서 유래되었습니다. 백차는 일반적으로 미묘한 꽃과 과일 향이 나는 섬세한 향과 가볍고 옅은 색을 띕니다.

백차는 높은 수준의 항산화제로 알려져 있으며 염증 감소, 심장 건강 개선, 암 및 당뇨병과 같은 만성 질환의 위험 감소 등 다양한 건강상의 이점이 있는 것으로 알려져 있습니다.

백차는 등급에 따라 백호은침, 백모단, 수미로 나눌 수 있으며, 백호은침은 가장 품질이 좋은 백차로 실버 니들처럼 은색의 찻잎을 가지고 있습니다. 백모단은 어린잎과 조금 자란 잎이 섞인 차로, 은백색의 솜털이 많은 봄꽃과 같은 찻잎을 갖고 있습니다. 수미는 백호은침과 백모단을 고르고 남은 차로서, 찻잎 가장자리가 비틀어져 눈썹과 같은 모습을 가지고 있습니다. 각 등급의 차는 고유한 특징과 맛을 가지고 있습니다.

황차(Yellow Tea)는 희귀하고 귀한 차의 일종으로 중국이 원산지입니다. 가공 면에서 녹차와 유사하지만 '황변'이라는 추가 단계를 거쳐 독특한 풍미와 향을 부여합니다.

황변 과정은 찻잎을 젖은 천이나 종이에 싸서 일정 시간 동안 산화되도록 두는 과정을 포함합니다. 이 과정을 통해 차는 녹차보다 더 순하고 풀 맛이 덜하며 약간 달콤하고 꽃 향이 납니다.

황차는 높은 수준의 항산화제로 알려져 있으며 염증 감

소, 심장 건강 개선, 만성 질환 위험 감소 등 녹차와 유사한 건강상의 이점이 있는 것으로 알려져 있습니다.

황차는 독특한 풍미와 희소성으로 인해 많은 사람들이 찾는 차이며 황차 품종으로는 군산은침, 곽산황아, 몽정황아 이외에도 여러 품종이 있으므로 취향에 맞게 선택하면 됩니다.

Q. 차의 보관법을 알려 주세요

차를 제대로 보관하려면 다음 일반 지침을 따라야 합니다.

밀폐 용기: 차의 맛과 향에 영향을 줄 수 있는 습기, 공기, 냄새로부터 차를 보호하기 위해 밀폐 용기에 보관합니다. 밀폐된 뚜껑이 있는 유리, 금속 또는 세라믹 용기가 좋은 선택입니다.

차광 보관: 빛에 노출되면 차가 변질될 수 있으므로 어두운 곳이나 빛이 투과되지 않는 용기에 보관합니다.

서늘하고 건조한 곳: 차는 온도와 습도가 일정한 서늘하고 건조한 곳에 보관해야 합니다. 냉장고, 냉동고 또는 습한 환경에 보관하지 마십시오.

개별 보관: 차마다 향과 맛이 다르며 서로의 냄새와 맛

을 쉽게 흡수할 수 있습니다. 각 차의 무결성을 보존하려면 별도로 보관하십시오.

강한 냄새 주의: 차는 주변의 냄새를 쉽게 흡수할 수 있으므로 강한 냄새가 나는 음식이나 향신료 근처에 보관하지 마십시오.

섭취 기간: 차는 신선할 때 가장 맛있게 즐길 수 있으므로 합리적인 시간 내에 사용하도록 노력하십시오. 정확한 유통 기한은 차의 종류와 보관 조건에 따라 다르지만 대부분의 차는 품질을 잃지 않고 몇 달에서 1년 동안 보관할 수 있습니다.

이러한 보관 지침을 따르면 차를 가능한 한 오랫동안 신선하고 맛있게 유지할 수 있습니다.

Q. 차를 마실 때 주의할 점은 무엇인가요?

다음은 차를 마실 때 염두에 두어야 할 몇 가지 주의 사항입니다.

카페인: 차에는 초조함, 불면증, 심박수 증가와 같은 부정적인 영향을 줄 수 있는 카페인이 포함되어 있습니다. 카페인에 민감한 사람들은 차 섭취를 제한하고 카페인이 없는 차를 선택해야 합니다.

임신: 임산부는 특정 유형의 차를 섭취할 때 주의해야 합니다. 일부는 임신에 부정적인 영향을 미칠 수 있습니다. 임신 중에 어떤 종류의 차를 마시는 것이 안전한지 의사와 상담하는 것이 중요합니다.

약물 상호 작용: 일부 유형의 차는 혈액 희석제, 항생제 및 항우울제와 같은 특정 약물과 상호 작용할 수 있습니

다. 많은 양의 차를 마시거나 약용으로 사용하기 전에 의사에게 확인하는 것이 중요합니다.

알레르기: 일부 사람들은 허브, 향신료 또는 향료와 같은 특정 유형의 차 또는 차 성분에 알레르기가 있을 수 있습니다. 차를 마시기 전에 성분 목록을 읽고 잠재적인 알레르겐을 확인하는 것이 중요합니다.

치아 건강: 차는 치아를 얼룩지게 하고 치아 침식에 기여할 수 있습니다. 좋은 치아 위생을 실천하고 설탕이나 산성 차의 소비를 제한하는 것이 중요합니다.

품질: 차의 품질과 안전을 보장하려면 평판이 좋은 브랜드를 선택하고 유통 기한이 지났거나 잘못 보관된 차를 피하는 것이 중요합니다.

차는 적절한 양과 조건으로 마시면 건강에 좋은 음료입니다. 올바르게 섭취하면 건강과 즐거움을 동시에 느낄 수 있습니다.

Q. 임산부가 조심해야 할 차가 있나요?

예, 임산부는 특정 유형의 차를 섭취할 때 주의해야 합니다. 일부는 임신에 부정적인 영향을 미칠 수 있습니다. 다음은 임산부가 주의해야 할 몇 가지 유형의 차입니다.

허브차: 카모마일, 페퍼민트, 생강과 같은 일부 허브차는 일반적으로 임산부에게 적당히 안전한 것으로 간주됩니다. 그러나 블랙 코호시, 페니로열, 블루 코호시와 같은 다른 허브차는 유산이나 조산을 유발할 수 있으므로 피해야 합니다.

녹차, 홍차: 녹차는 일반적으로 임산부에게 안전한 것으로 간주되지만 카페인이 포함되어 있으므로 임신 중에 적당히 섭취해야 합니다. 다량의 녹차를 마시면 유산이나 저체중아 출산 위험이 높아질 수 있습니다. 홍차에도 카페인이 포함되어 있으므로 임신 중에는 적당히 섭취해야 합니다. 다량의 홍차를 마시면 유산이나 저체중아 출산 위험이 높아질 수 있습니다.

마테차: 마테차는 높은 수준의 카페인을 함유하고 있으므로 임신 중에는 피해야 합니다. 임신 중에 마테차를 마시면 유산이나 저체중아 출산 위험이 높아질 수 있습니다.

히비스커스와 같은 일부 이국적인 허브차는 임신 중에 부정적인 영향을 미칠 수 있으므로 적당히 섭취하거나 모두 피해야 합니다.

전반적으로 임산부는 임신 중에 어떤 종류의 차를 섭취해도 안전한지, 얼마나 안전하게 섭취할 수 있는지에 대해 의사와 상의해야 합니다.

Q. 세계적인 Tea 브랜드는 어떤 것이 있을까요?

전 세계에는 고유한 역사, 생산 방법 및 풍미 프로필을 가진 많은 Tea 브랜드가 있습니다. 다음은 전 세계 주요 차 브랜드 중 일부입니다.

Lipton: Lipton은 Unilever 소유의 잘 알려진 차 브랜드이며 세계에서 가장 큰 차 브랜드 중 하나입니다. 그들은 홍차, 녹차 및 허브차를 포함하여 다양한 차 브랜드를 생산합니다.

Twinings: Twinings는 1706년부터 차를 생산해 온 Lipton 다음으로 유명한 영국의 홍차 브랜드입니다. 잎차나 티백 외에도 시그니처 블렌드 제품으로 유명합니다.

Harney & Sons: Harney & Sons는 홍차, 녹차, 허브차

등 다양한 고품질 차를 생산하는 미국 차 회사입니다. 그들은 바닐라와 캐러멜로 맛을 낸 홍차인 파리와 같은 프리미엄 차 블렌드로 유명합니다.

Celestial Seasonings: Celestial Seasonings는 다양한 허브차와 스페셜티 차를 생산하는 미국 차 회사입니다. 그들은 카모마일, 스피어민트, 레몬그라스를 혼합한 슬리피타임 차와 같은 독특한 맛의 조합으로 유명합니다.

Mariage Frères: Mariage Frères는 1854년부터 차를 생산해 온 프랑스 차 회사입니다. 고품질의 홍차, 녹차, 백차 블렌드와 마르코 폴로와 같은 독특한 맛의 조합으로 유명합니다. 과일과 꽃으로 맛을 낸 홍차의 블렌드입니다.

Dilmah: Dilmah는 홍차, 녹차, 허브차 등 다양한 고품질 차를 생산하는 스리랑카 차 회사입니다. 그들은 지속 가능성과 윤리적인 차 생산에 대한 헌신으로 유명합니다.

Q. 차와 술을 섞으면 어떨까요?

차와 술을 섞는 것은 일반적인 관행이며 다양한 맛과 미각 경험을 만들 수 있습니다. 차와 알코올을 혼합하는 인기 있는 방법 중 하나는 차를 알코올에 담그거나 차를 보드카, 진 또는 위스키와 같은 증류주와 혼합하는 티 칵테일을 만드는 것입니다.

티 칵테일은 일정 시간 동안 보드카 또는 럼과 같은 알코올에 차를 우려내어 차의 풍미를 알코올에 주입하여 만들 수 있습니다. 예를 들어, 차를 활용한 히비스커스 칵테일이나 쟈스민 칵테일 같은 다양한 칵테일을 만드는 데 사용할 수 있습니다.

차와 술을 섞는 또 다른 방법은 차를 증류주 믹서로 사용하는 것입니다. 예를 들어, 진토닉에 차를 추가하거나 위스키 하이볼에서 탄산음료 대신 사용하면 음료에 독특한 풍미 프로필을 추가할 수 있습니다.

차와 알코올을 혼합하면 차의 카페인이 취한 느낌을 가릴 수 있으므로 알코올의 효과를 높일 수 있다는 점에 유의하는 것이 중요합니다. 책임감 있게 마시고 차와 술을 섞을 때 소비되는 알코올의 양을 주시하는 것이 중요합니다.

전반적으로 차와 알코올을 혼합하면 칵테일에서 독특하고 흥미로운 풍미를 만들 수 있으며 칵테일 업계에서 널리 사용되는 방법입니다.

Q. 카페인 없는 차는 무엇이 있을까요?

무카페인 차는 카페인이 전혀 들어 있지 않은 차입니다. 홍차, 녹차, 우롱차와 같은 전통적인 차를 만드는 데 사용되는 Camellia sinensis 식물이 아닌 일반적으로 허브, 과일 또는 기타 식물성 성분으로 만들어집니다. 카페인이 없으며 인기가 있는 차들은 다음과 같습니다.

허브차: 이 차는 카모마일, 민트 또는 루이보스와 같은 허브로 만듭니다. 그들은 자연적으로 카페인이 없으며 진정 효과로 인해 소비됩니다.

과일차: 이 차는 사과 또는 베리와 같은 말린 과일로 만들어지며 자연적으로 카페인이 없으며 달콤하고 과일 맛으로 소비됩니다.

꽃차: 이 차는 메리골드나 장미와 같은 말린 꽃으로 만

들어지며 자연적으로 카페인이 없으며 꽃향기와 풍미로 소비됩니다.

디카페인 차: 이 차는 홍차나 녹차와 같은 전통적인 찻잎으로 만들어지지만 특별한 디카페인 공정을 통해 대부분의 카페인이 제거됩니다. 카페인이 없는 차는 카페인에 민감한 사람들이나 카페인 섭취를 제한하려는 사람들에게 좋은 선택입니다.

4장

茶文化의 다양한 질문

Q. 영국의 홍차 문화란 무엇인가요?

영국은 오랜 역사와 차에 대한 사랑으로 인해 종종 '차의 나라'라고 불립니다. 차는 17세기에 영국에 처음 소개되었고 시간이 지나면서 대중적인 음료이자 영국 문화의 중요한 부분이 되었습니다.

영국에서 차의 인기는 급속도로 커졌고 18세기 중반에는 중국과 인도에서 대량으로 차가 수입되었습니다. 그것은 영국의 부와 권력의 상징이 되었고 차에 대한 국가의 사랑은 계속 커져만 갔습니다.

다음은 영국 차 문화의 주요 측면입니다.

차의 종류: 영국 차 문화는 일반적으로 우유와 설탕과 함께 제공되는 홍차가 지배적입니다. 영국 홍차의 대표적인 품종으로는 잉글리시 브렉퍼스트 홍차, 얼그레이 홍차,

다르질링 홍차 등이 있습니다.

애프터눈 티: 애프터눈 티는 일반적으로 핑거 샌드위치, 스콘, 페이스트리와 함께 차를 마시는 영국 전통입니다. 이 전통은 베드포드 공작부인 안나 러셀에 의해 대중화되었는데, 그녀는 점심과 저녁 사이의 긴 공백을 해소하기 위해 친구들을 차와 간식에 초대했습니다.

하이 티: 통념과는 달리 '하이 티'는 화려한 다과회가 아니라 잉글랜드 북부에서 시작된 노동 계급 식사입니다. 하이 티는 이른 저녁에 먹는 푸짐한 식사로 종종 차와 함께 고기 요리, 빵, 케이크가 포함됩니다.

차 에티켓: 영국의 차 문화에는 차를 마실 때 고유한 규칙과 에티켓이 있습니다. 예를 들어, 차를 부드럽게 조용히 저어 주고, 찻잔은 컵 본체보다 손잡이로 잡는 것이 예의라고 여겨집니다.

티 타임: 영국에서는 애프터눈 티 외에도 아침 첫 번째

와 저녁 식사 후와 같이 하루 중 다른 시간에 차를 마시는 경우가 많습니다. 환대의 표시로 손님에게 차 한 잔을 제공하는 것도 일반적인 관습입니다.

국가 상징으로서의 차: 차는 영국 문화와 정체성의 상징이 되었으며 종종 영국적이라는 개념과 관련이 있습니다. 많은 영국인들은 차를 마시는 습관에 자부심을 갖고 차를 본질적으로 영국적인 활동으로 여깁니다.

전반적으로 영국의 차 문화는 수세기에 걸쳐 발전해 온 풍부하고 다양한 전통이며 계속해서 영국의 정체성과 유산의 중요한 부분을 차지하고 있습니다.

Q. 커피 문화와 차 문화가 다른 점은 무엇인가요?

커피 문화와 차 문화는 소비와 향유를 중심으로 발전한 두 가지 별개의 문화 현상입니다. 커피와 차는 모두 전 세계적으로 인기 있는 음료이지만 이를 둘러싼 문화 간에는 몇 가지 중요한 차이점이 있습니다.

역사와 기원: 정확한 기원은 알 수 없지만 커피는 6~7세기경 에티오피아의 목동 칼디에 의해 시작되었다고 합니다. 커피는 처음에는 음료가 아닌 각성제나 진정제, 흥분제 등의 약으로 쓰이면서 주요 교역품이 되었고 1500년경 아라비아 남단 예맨 지역에서 최초로 대규모 경작을 하였으며 모카항을 중심으로 커피 수출이 본격화되었습니다. 이후 1615년 이태리 무역상으로부터 최초로 유럽에 커피가 소개되었습니다.

반면에 차는 중국 당(唐)나라 육우(陸羽)가 쓴 『다경(茶經)』을 보면 기원전 2700년경부터 차를 마셨다고 하며 통상(通商)의 발전과 불교의 전파와 함께 세계 여러 나라로 전파되었습니다. 7세기경 당나라 문성 공주가 티베트 왕에게 시집을 가면서 음다(飮茶) 풍습을 전한 것이 계기가 되었으며 본격적인 보급은 1187년에서 1191년 사이에 에이사이 선사(榮西禪師)가 차 종자와 더불어 제다법을 전하면서 시작되었습니다. 이후 차는 17세기 초 중국과 일본 등지의 동양 무역을 장학했던 네덜란드를 통해 유럽에 전파되었습니다.

준비: 커피는 일반적으로 뜨거운 물을 사용하여 분쇄된 커피 원두를 통과하는 과정을 거칩니다. 과정이 빠르며 음료가 강하고 대담합니다. 반면에 차는 느슨한 잎이나 티백을 사용하여 담그는 과정은 몇 분이 걸릴 수 있습니다. 차는 더 섬세하고 미묘한 음료입니다.

서빙 스타일: 커피는 종종 큰 머그나 컵에 담겨 제공되며 이동 중에도 빠르게 소비됩니다. 그에 반해 차는 작은

컵이나 찻주전자에 담겨 나오는 경우가 많고, 여유롭게 즐기는 경우가 많습니다.

사회적 맥락: 커피 문화는 종종 생산성과 작업을 강조하며, 커피숍과 카페는 사람들이 일하거나 공부하거나 친구를 만날 수 있는 모임 장소 역할을 합니다. 반면에 차 문화는 종종 휴식과 명상과 관련이 있습니다. 전 세계의 많은 문화에는 고요함과 명상을 촉진하기 위해 고안된 다도 또는 의식이 있습니다.

전반적으로 커피와 차는 모두 사람들을 화합시키는 사랑받는 음료이지만, 커피와 차를 즐기는 국가의 고유한 역사와 관습을 반영하는 문화는 상당히 다릅니다.

Q. 차 문화가 고급문화고 커피 문화가 대중문화라는데 맞는 말인가요?

차 문화가 고급문화이고 커피 문화가 대중문화라고 말하는 것은 정확하지 않습니다. 차와 커피는 모두 전 세계 여러 국가와 지역 사회에서 오랜 역사와 다양한 문화적 의미를 지니고 있으며 엘리트와 노동 계급을 포함한 모든 계층의 사람들이 즐겨 왔습니다.

차는 일본과 중국의 다도와 같은 공식 및 의례적인 설정과 관련이 있는 것이 사실이지만, 세계 여러 지역의 모든 사회 계층의 사람들이 소비하는 인기 있는 음료이기도 합니다. 마찬가지로, 커피는 사람들이 일하고, 공부하고, 사교할 수 있는 인기 있는 모임 장소로 커피숍이 제공되는 비공식적이고 실용적인 평판을 가지고 있지만, 고급 식사에서 캐주얼한 모임에 이르기까지 다양한 문화적, 사회적 맥락에서도 커피를 즐깁니다.

궁극적으로 차와 커피의 문화적 중요성은 역사적, 사회적, 경제적 요인의 복잡한 상호 작용에 의해 형성되며 이러한 풍부하고 다양한 문화 현상을 단순히 '고급' 또는 '대중'으로 단순화하는 것은 정확하지 않습니다.

Q. 커피에 비해 차가 대중화에 실패한 이유는 무엇인가요?

차는 몇 가지 이유로 일부 국가에서 커피에 비해 대중화되지 못했습니다.

역사적 및 문화적 요인: 커피는 일부 국가에서 차에 비해 더 긴 소비 역사와 문화적 중요성을 가지고 있습니다. 예를 들어, 커피는 수세기 동안 중동 문화의 중요한 부분이었으며 16세기에 유럽에 소개되었습니다. 반면에 차는 아시아에서 더 오랜 역사를 가지고 있지만 유럽에는 17세기까지 소개되지 않았습니다.

마케팅 및 광고: 일부 국가에서는 커피가 차보다 더 적극적으로 마케팅 및 광고되어 소비자 인식 및 수요가 증가했습니다. 예를 들어, 커피 회사는 커피의 사회적, 문화적 중요성을 강조하는 광고 캠페인에 막대한 투자를 한 반면

차는 보다 건강 지향적인 음료로 마케팅되었습니다.

편의성: 커피는 특히 서구 세계에서 차에 비해 준비하고 섭취하기 더 편리한 것으로 간주되는 경우가 많습니다. 커피는 기계로 쉽게 끓이거나 카페에서 구입할 수 있지만 차는 제대로 준비하는 데 더 많은 시간과 노력이 필요합니다.

가용성 및 다양성: 일부 국가에서는 커피가 차보다 더 광범위하게 사용 가능하며 다양한 맛과 종류가 있습니다. 이것은 기후, 지리 및 농업 관행의 차이 때문일 수 있습니다.

취향 선호도: 마지막으로 취향 선호도는 차와 커피의 인기도를 결정하는 데 중요한 역할을 합니다. 일부 국가에서는 커피가 강하고 대담한 맛 때문에 선호되는 반면 차는 너무 순하거나 부드러운 것으로 간주됩니다. 다른 나라에서는 복잡하고 미묘한 맛 때문에 차를 선호하는 반면, 커피는 너무 쓰거나 압도적인 것으로 간주됩니다.

전반적으로 커피에 비해 차가 대중화되지 못한 이유는

국가와 문화적 맥락에 따라 다릅니다. 그러나 많은 경우 역사적, 문화적, 마케팅 및 맛 요소의 조합이 이 두 음료의 소비 및 인기 차이에 기여했습니다.

Q. 서양의 티 푸드는 어떤 것들이 있나요?

서양 티 푸드는 종종 차와 함께 제공되는 여러 종류의 음식이 있습니다. 일부 인기 있는 서양 차 식품은 다음과 같습니다.

스콘: 스콘은 종종 차와 함께 제공되는 달콤한 빵의 일종입니다. 그들은 일반 또는 말린 과일, 초콜릿 칩 또는 견과류와 같은 재료로 맛을 낼 수 있습니다. 스콘은 일반적으로 잼, 클로티드 크림, 버터와 함께 제공됩니다.

핑거 샌드위치: 핑거 샌드위치는 종종 애프터눈 티 서비스의 일부로 제공되는 작은 샌드위치입니다. 오이와 크림 치즈, 햄과 겨자, 계란 샐러드와 같은 다양한 충전재로 만들 수 있습니다.

비스킷: 비스킷 또는 쿠키는 다양한 맛과 스타일로 제공

되는 인기 있는 차 식품입니다. 일부 인기 있는 비스킷 유형에는 쇼트브레드, 오트밀 쿠키 및 초콜릿 칩 쿠키가 포함됩니다.

케이크: 케이크는 스펀지 케이크, 과일 케이크 또는 초콜릿 케이크와 같이 다양한 맛과 스타일로 제공될 수 있는 인기 있는 차 식품입니다.

페이스트리: 페이스트리는 종종 차와 함께 제공되는 구운 식품의 일종입니다. 달콤하거나 짭짤할 수 있으며 크루아상, 데니쉬 또는 키슈와 같은 항목이 포함될 수 있습니다.

쁘띠 푸르(Petit Fours): 쁘띠 푸르는 작은 한입 크기의 디저트로 종종 차와 함께 제공됩니다. 미니 케이크, 마카롱 또는 초콜릿 트러플과 같은 다양한 맛과 스타일이 있습니다.

전반적으로 서양 차 음식은 일반적으로 차 한 잔과 함께 즐길 수 있는 작고 한입 크기의 품목입니다. 그들은 종종

달콤하거나 짭짤하며 애프터눈 티 서비스의 일부로 제공
되거나 간단한 스낵 또는 디저트로 제공될 수 있습니다.

Q. 종교와 차 문화의 연관성이 있나요?

예, 일부 문화에서는 종교와 차 문화 사이에 연관성이 있습니다. 중국, 일본, 한국, 인도를 포함한 많은 동부 국가에서 차는 수세기 동안 종교 관습과 의식의 필수적인 부분이었습니다.

예를 들어, 중국에서는 일찍이 당나라(AD 618-907)부터 종교 의식에서 차를 사용했습니다. 그것은 영적인 속성을 가지고 있다고 믿었고 조상과 신에게 바치는 제물로 사용되었습니다. 일본에서 다도 또는 차노유는 선불교에 깊은 뿌리를 두고 있으며 마음 챙김과 명상을 촉진하는 영적 수행으로 간주됩니다.

인도에서 차는 문화의 중요한 부분이며 종종 우유와 설탕과 함께 제공되는 차인 Chai를 포함하여 다양한 형태로 소비됩니다. Chai는 일반적으로 친구와 가족 사이에서 공유되며 종교 의식 및 의식에도 사용됩니다.

영국과 미국과 같은 일부 다른 문화에서는 차가 명시적으로 종교와 연결되어 있지는 않지만 사교 모임 및 환대와 관련되어 있습니다. 그러나 이러한 문화권에서 차는 사람들을 하나로 모으는 의식과 전통 의식으로 종교 의식과 유사한 방식으로 소비되는 경우가 많습니다.

전반적으로 종교와 차 문화 사이의 연결은 문화마다 다를 수 있지만 차는 수세기 동안 전 세계의 영적 및 사회적 관습에서 중요한 역할을 해 왔습니다.

Q. 아편 전쟁이 차 때문에 생겼다고요?

아편 전쟁은 19세기 중반 중국과 영국 사이의 일련의 분쟁으로, 주로 차가 아닌 아편 무역으로 인해 발생했습니다. 그러나 차는 전쟁으로 이어지는 사건에서 중요한 역할을 했습니다.

이 기간 동안 영국은 중국에서 대량의 차를 수입하고 있었지만 은으로 지불할 것을 요구한 중국 정부에 의해 무역이 엄격하게 통제되었습니다. 영국은 중국과의 무역 균형이 어렵다는 것을 깨닫고 무역 적자를 메우기 위해 영국령 인도에서 생산된 아편을 중국에 수출하기 시작했습니다.

그러나 중국 정부는 아편 거래를 반대하고 금지하려고 했습니다. 무역으로 이익을 얻고 있던 영국 상인들은 이러한 노력에 저항했고 상황은 무력 충돌로 확대되어 제1차 아편 전쟁(1839-1842)으로 절정에 달했습니다.

차 자체가 아편 전쟁의 주요 원인은 아니었지만 이 기간 동안 중국과 영국 간의 무역 관계를 형성하는 데 중요한 역할을 했습니다. 영국에서 차에 대한 수요는 중국과의 무역에 대한 열망을 불러일으켰고, 이는 궁극적으로 아편 무역과 그에 따른 분쟁으로 이어졌습니다.

Q. 스님들은 왜 차를 마실까요?

차는 특히 불교와 도교 수도원에서 수세기 동안 수도원 전통의 중요한 부분이었습니다. 승려들이 차를 마시는 데는 다음과 같은 몇 가지 이유가 있습니다.

명상 보조: 차는 승려가 명상 연습 중에 집중하고 사색하는 데 도움이 될 수 있습니다. 차에 함유된 카페인은 커피가 생성할 수 있는 불안한 느낌을 유발하지 않으면서 에너지 부스트를 제공하고 주의력을 자극할 수 있습니다. 차의 진정 성분은 또한 마음을 진정시키고 휴식을 촉진하는 데 도움이 됩니다.

건강상의 이점: 많은 종류의 차는 면역 체계 강화, 소화 촉진, 염증 감소 등 건강상의 이점이 있는 것으로 알려져 있습니다. 승려들은 전반적인 건강과 웰빙을 지원하기 위해 종종 차를 마십니다.

사회적 결속: 함께 차를 마시는 것은 승려들 사이에 동지애와 공동체 의식을 고취시키는 사회적 활동이 될 수 있습니다. 일부 수도원에서는 중요한 행사를 축하하거나 손님을 기리기 위한 방법으로 다도를 거행합니다.

의식과 전통: 차를 마시는 것은 종종 수도원의 일상 의식과 전통의 일부입니다. 예를 들어 일부 불교 사원에서는 존경과 환대를 나타내는 방법으로 승려와 방문객에게 차를 제공합니다.

전반적으로 차를 마시는 것은 승려가 육체적 정신적 건강을 유지하고 사회적 결속과 공동체를 증진하며 수도원 생활 방식의 풍부한 전통을 존중하는 방법입니다.

Q. 명상을 할 때 차가 도움이 되나요?

차는 마음을 진정시키고 휴식을 촉진하는 데 도움이 되므로 명상에 도움이 될 수 있습니다. 많은 종류의 차에는 이완을 촉진하고 스트레스 수준을 낮추는 것으로 알려진 아미노산인 L-테아닌이 함유되어 있습니다. 이것은 명상 중에 긴장을 풀고 집중하기 어려운 사람들에게 특히 유익할 수 있습니다.

또한 차는 명상에 도움이 되는 평화롭고 차분한 분위기를 조성하는 데 도움이 될 수 있습니다. 차를 준비하고 마시는 의식은 그 자체로 명상적 수련이 될 수 있으며, 마음을 맑게 하고 마음 챙김을 현재 순간에 가져오는 데 도움이 됩니다.

그러나 명상 전에 차를 마시는 것이 모든 사람에게 적합하지 않을 수 있다는 점은 주목할 가치가 있습니다. 어떤 사람들에게는 차의 카페인이 명상 중에 긴장을 풀고 집중하는 능력을 방해할 수 있습니다. 이런 경우에는 카페인이 없는 허브차를 선택하거나 명상하기 전에 물을 마시는 것이 더 나을 수 있습니다. 궁극적으로 명상 전에 차를 마시는 결정은 개인과 개인의 선호도 및 필요에 따라 달라집니다.

Q. 차를 마시면 편안해지는 이유는 무엇인가요?

차를 마시면 여러 가지 이유로 몸과 마음이 이완될 수 있습니다. 첫째, 차에는 이완을 촉진하고 스트레스를 줄이는 것으로 알려진 아미노산인 L-테아닌이 함유되어 있습니다. L-테아닌은 이완 및 평온의 상태와 관련된 뇌의 알파파를 증가시키는 것으로 나타났습니다.

또한 차를 준비하고 마시는 행위는 마음을 진정시키는 효과가 있습니다. 일상에서 잠시 쉬어 가며 차 한 잔을 만들고 그 향을 음미하는 것은 마음 챙김과 휴식을 제공할 수 있습니다.

카모마일, 라벤더, 쥐오줌풀 뿌리와 같은 특정 유형의 차는 진정 효과가 있는 것으로 알려져 있으며 불안과 불면증에 대한 자연 요법으로 사용됩니다. 이 차에는 신체에 진정 효과가 있고 휴식과 편안한 수면을 촉진할 수 있는 화합물이 포함되어 있습니다.

차의 따뜻함은 또한 몸에 휴식 효과를 줄 수 있습니다. 열은 긴장된 근육을 진정시키고 편안함과 이완을 촉진하는 데 도움이 될 수 있습니다.

전반적으로 차를 마시는 것은 L-테아닌의 존재부터 차를 준비하고 마시는 진정 작용에 이르기까지 몸과 마음에 다양한 이완 효과를 줄 수 있습니다. 특정 유형의 차를 선택하고 시간을 들여 경험을 즐기면 차는 휴식을 촉진하고 스트레스를 줄이는 좋은 방법이 될 수 있습니다.

Q. 세계 유명 다원에 대해 알려 주세요

독특한 차 품종, 생산 방법 및 아름다운 경치로 유명한 세계적으로 유명한 차 정원이 세계 여러 곳에 많이 있습니다. 다음은 몇 가지 예입니다.

Darjeeling Tea Garden: 인도 서부 벵갈의 다르질링 지역에 위치한 다원은 해발 600~2,000m에 이르는 히말라야 산기슭에 있습니다. 서늘한 기온, 높은 습도, 풍부한 강수량 등 이 지역의 독특한 기후는 차 재배에 이상적인 조건을 만듭니다.

우지 다원(Uji Tea Garden): 일본 교토부 우지에 위치한 다원은 일본 전통 다도에 사용되는 고급 말차를 비롯한 고품질 녹차 생산지로 유명합니다. 우지 차는 밝은 녹색, 감칠맛, 섬세한 향으로 유명합니다.

케냐 다원: 케냐는 세계 최고의 홍차 생산국 중 하나이며 전국에 많은 다원이 있습니다. 케냐 차는 밝은 색상, 강한 향, 높은 수준의 항산화제로 유명합니다. 1903년 처음 차가 도입된 이래 고산 지대를 중심으로 다원을 조성하였습니다.

Ceylon Tea Garden: 스리랑카에 위치한 Ceylon Tea Garden은 다양한 맛과 향을 지닌 다양한 홍차, 녹차 및 백차를 생산합니다. 실론티는 상쾌하고 풀바디한 맛으로 유명하며 아이스티로 인기가 있습니다.

Huangshan Tea Garden: 중국 안후이성에 위치한 다원은 섬세하고 달콤한 향과 꽃 향이 나는 유명한 녹차인 황산모봉을 생산하는 것으로 알려져 있습니다. 찻잎은 이른 봄에 수확되며 가느다란 은빛 털로 유명합니다.

Q. 여성들이 차 공부를 더 많이 하는
   이유는 무엇일까요?

여성이 차를 더 많이 연구하는 이유는 복잡하고 다면적이지만 여기에 몇 가지 잠재적 요인이 있습니다.

역사적, 문화적 요인: 많은 문화권에서 전통적으로 여성은 차를 준비하고 대접하는 일을 담당해 왔으며 이로 인해 차에 대한 관심과 지식이 증가했습니다. 예를 들어, 중국과 일본에서는 다도가 수세기 동안 행해져 왔으며 종종 여성 수행자와 관련이 있습니다.

건강상의 이점: 차는 오랫동안 심장병, 암 및 기타 질병의 위험을 줄이는 것과 같은 다양한 건강상의 이점과 연관되어 왔습니다. 종종 건강과 웰빙을 우선시하는 여성들은 잠재적인 치료 효과를 위해 차를 연구하는 데 더 관심을 가질 수 있습니다.

사회적 및 문화적 중요성: 차는 역사적으로 여성들 사이에서 더 인기가 있었던 애프터눈 티와 같은 사회적 의식 및 모임과 관련이 있는 경우가 많습니다. 여성들은 다른 사람들과 연결하고 이러한 사회적 및 문화적 전통에 참여하는 방법으로 차를 연구하는 데 더 관심이 있을 수 있습니다.

미학 및 감각적 경험: 차는 시각적 매력, 향 및 풍미로 높이 평가되며, 이는 미학 및 감각적 경험에 더 큰 관심을 가진 여성에게 어필할 수 있습니다.

전반적으로 여성이 차를 더 많이 연구하는 이유는 역사적, 문화적, 건강 관련, 사회적 및 미적 요인의 조합에 의해 영향을 받을 가능성이 높습니다. 그러나 차에 대한 관심과 전문성은 여성에게만 국한된 것이 아니며 남성 역시 차에 대한 지식과 열정이 많다는 점에 유의해야 합니다.

Q. 일본 다도는 왜 복잡할까요?

일본 전통 다도는 수백 년에 걸쳐 정교하게 다듬어진 고도로 의례화되고 복잡한 관행입니다. 다도가 복잡하다고 여겨지는 몇 가지 이유가 있습니다.

세부 사항에 대한 주의: 다도는 차 도구의 배열, 각 단계의 타이밍, 차 주인과 손님의 정확한 움직임을 포함하여 많은 작은 세부 사항을 포함합니다. 각 세부 사항은 조화롭고 아름다운 경험을 만들기 위해 신중하게 계획되고 실행됩니다.

기술 숙달: 다도는 차를 준비하고 대접하는 데 높은 수준의 기술과 정확성이 필요합니다. 티 마스터는 각 단계를 우아하고 유연하게 수행할 수 있어야 하며 차 도구와 올바른 사용에 대한 깊은 이해가 있어야 합니다.

영적 수련: 다도는 단순히 차를 대접하는 것이 아니라 마음 챙김, 존중, 평온을 강조하는 영적 수련이기도 합니다. 팽주와 손님은 조화와 평화의 정신을 기르고 현재 순간에 세심한 주의를 기울여야 합니다.

문화적 중요성: 다도는 오랜 역사를 가지고 있으며 일본 문화 및 미학과 깊이 얽혀 있습니다. 의식의 각 요소에는 상징적 의미가 있으며 전체 관행은 전통과 문화적 중요성에 흠뻑 젖어 있습니다.

전반적으로 다도는 일본 문화와 미학에 대한 깊은 이해뿐만 아니라 높은 수준의 기술, 세부 사항에 대한 관심, 영적 인식이 필요하기 때문에 복잡하다고 여겨집니다.

Q. 치료를 목적으로 차를 활용할 수 있나요?

차는 여러 문화권에서 수세기 동안 의약 목적으로 사용되어 왔으며 과학적 연구에 따르면 특정 유형의 차가 건강에 도움이 될 수 있습니다. 다음은 차가 치료에 어떻게 사용될 수 있는지에 대한 몇 가지 예입니다.

면역 체계 강화: 차에는 면역 체계를 강화하고 염증을 줄이는 데 도움이 되는 항산화제가 포함되어 있습니다. 정기적으로 차를 마시면 특정 질병과 질병을 예방하는 데 도움이 될 수 있습니다.

스트레스와 불안 감소: 카모마일, 라벤더, 패션 플라워와 같은 특정 유형의 차는 진정 효과가 있으며 스트레스와 불안을 줄이는 데 도움이 될 수 있습니다.

소화 개선: 페퍼민트 차와 같은 일부 차는 소화를 개선

하고 팽만감, 경련 및 메스꺼움과 같은 위장 문제를 완화하는 데 도움이 될 수 있습니다.

두통 완화: 생강차와 같은 특정 유형의 차는 항염증 특성으로 인해 두통과 편두통을 완화하는 데 도움이 될 수 있습니다.

콜레스테롤 저하: 일부 연구에서 녹차는 콜레스테롤 수치를 낮추어 심장 질환의 위험을 줄일 수 있는 것으로 나타났습니다.

그러나 차를 의학적 치료의 대용으로 사용해서는 안 되며 건강 문제가 있는 사람은 의사와 상담해야 합니다. 또한 일부 유형의 차는 특정 약물과 상호 작용할 수 있으므로 많은 양의 차를 섭취하거나 약용으로 사용하기 전에 의사와 확인하는 것이 중요합니다.

Q. 청소년기에 다도가 도움이 된다고요?

청소년에게 다도를 가르치는 것은 다음과 같은 여러 가지 이점이 있습니다.

마음 챙김 기르기: 다도는 참가자들이 현재에 집중하고 집중해야 청소년들이 마음 챙김 기술을 개발하는 데 도움이 될 수 있습니다. 마음 챙김은 정신 건강을 개선하고 스트레스와 불안을 줄일 수 있습니다.

사회적 및 문화적 이해 증진: 다도는 많은 문화에서 중요한 부분이며 청소년들이 다양한 문화적 관행에 대해 배우고 감상하도록 도울 수 있습니다. 다도에 참여함으로써 청소년들은 다른 사람들의 관습과 전통에 대해 더 잘 이해할 수 있습니다.

사회적 기술 개발: 다도는 종종 그룹 활동이며 청소년에

게 의사소통, 존중 및 예절과 같은 사회적 기술을 연습할 수 있는 기회를 제공합니다. 다른 사람과 정중하고 우아하게 상호 작용하는 방법을 배움으로써 청소년은 대인 관계를 개선할 수 있습니다.

집중력과 집중력 향상: 다도는 일련의 정확하고 신중한 행동을 포함하며, 이는 청소년들이 집중력과 집중 기술을 개발하는 데 도움이 될 수 있습니다. 이러한 기술은 학업 및 전문적인 환경에서 유용할 수 있습니다.

독창성 장려: 다도는 종종 꽃꽂이 또는 차 도구 디자인과 같은 독창성과 개인적인 표현의 요소를 포함합니다. 청소년들은 이러한 활동을 통해 예술적 기술과 상상력을 키울 수 있습니다.

전반적으로 다도는 청소년들에게 웰빙, 사회적 기술 및 문화적 인식을 향상시킬 수 있는 다양한 이점을 제공할 수 있습니다.

Q. 차의 스토리텔링 중요성에 대해 알려 주세요

스토리텔링은 수세기 동안 차 문화에서 중요한 역할을 해 왔으며 오늘날에도 차 경험의 필수적인 부분으로 남아 있습니다. 다음은 차 문화에서 스토리텔링이 매우 중요한 몇 가지 이유입니다.

문화 전달: 이야기는 문화적 가치와 전통을 전달하는 강력한 도구입니다. 차 문화에서 이야기는 차의 문화적, 역사적 맥락뿐만 아니라 차 문화에 대한 지식을 보존하고 전달하는 데 도움이 될 수 있습니다.

인간관계: 차는 종종 사교적인 장소에서 소비되며 스토리텔링은 차를 마시는 사람들 사이에 유대감과 공동체 의식을 형성하는 데 도움이 될 수 있습니다. 차와 관련된 경험이나 문화적 전통에 대한 이야기를 나누는 것은 차를 마

시는 사람들 사이에 유대감을 형성하고 관계를 깊게 하는 데 도움이 될 수 있습니다.

감각적 경험: 이야기는 차의 맛과 향을 보완하는 정신적 이미지 또는 감정적 반응을 만들어 차를 마시는 감각적 경험을 향상시킬 수 있습니다. 예를 들어, 차의 기원이나 그것이 소비되는 문화적 맥락에 대한 이야기는 장소와 역사에 대한 감각을 만들어 차의 풍미와 향을 향상시킬 수 있습니다.

브랜드 아이덴티티: 이야기는 차 회사나 차 제품의 브랜드 아이덴티티를 만드는 강력한 도구가 될 수 있습니다. 특정 차의 역사, 문화 또는 고유한 특성에 대한 이야기를 들려줌으로써 회사는 자사 제품을 시장의 다른 제품과 차별화하는 고유한 정체성을 만들 수 있습니다.

전반적으로 스토리텔링은 차 경험의 필수적인 부분이며 문화적 전달, 인간 연결, 감각적 경험 및 브랜드 정체성에 역할을 합니다. 스토리텔링을 수용함으로써 차를 마시는 사람들은 풍부한 차 문화 유산과 차의 감각적 즐거움에 대한 감사와 이해를 심화시킬 수 있습니다.

Q. 차의 트렌드는 어떻게 변해 가고 있나요?

차는 전 세계적으로 사랑받는 음료이며 그 인기와 소비 패턴은 끊임없이 진화하고 있습니다. 다음은 차 트렌드의 최근 변화입니다.

건강상의 이점: 높은 항산화 성분과 만성 질환의 위험 감소 가능성과 같은 차의 건강상의 이점에 대한 소비자의 관심이 점점 높아지고 있습니다. 이로 인해 말차 및 심황차와 같은 허브 및 특수차의 인기가 높아졌습니다.

지속 가능성: 차 산업에서 지속 가능성과 윤리적 생산에 대한 추세가 커지고 있습니다. 소비자들은 차가 어디에서 왔는지, 어떻게 재배되었는지, 생산에 관련된 사람들의 작업 환경에 대해 점점 더 관심을 갖고 있습니다.

바로 마실 수 있는 차: 소비자가 편리하고 이동 중에도 선택할 수 있는 옵션을 찾음에 따라 바로 마실 수 있는 차의 인기가 점점 높아지고 있습니다. 이로 인해 아이스티, 차 기반 에너지 드링크의 인기가 높아졌습니다.

혁신: 차 회사는 더 넓은 범위의 소비자에게 어필하기 위해 점점 더 새로운 맛과 블렌드를 실험하고 있습니다. 이로 인해 과일 차와 스파클링 차와 같은 새롭고 독특한 차 품종이 도입되었습니다.

사교적 경험으로서의 차: 차 시음과 다과회가 점점 더 대중화되면서 사교적 경험으로서 차의 인기가 높아지고 있습니다. 이러한 추세는 차 문화에 대한 관심 증가와 사교를 위한 보다 마음 챙김하고 편안한 방법에 대한 열망에 의해 주도되었습니다.

전반적으로 차 산업은 항상 새로운 트렌드와 혁신이 등장하면서 끊임없이 진화하고 있습니다. 그러나 편안하고 영양이 풍부한 음료로서의 차의 근본적인 매력은 변함이 없으며 앞으로도 계속해서 사랑받는 음료가 될 것입니다.

Q. 차 문화 콘텐츠의 필요성에 대해 알려 주세요

차 문화 콘텐츠는 차의 문화적 의미를 홍보하거나 탐구하는 모든 유형의 매체 또는 자료를 의미합니다. 여기에는 기사, 비디오, 책, 팟캐스트, 소셜 미디어 게시물 및 차 문화에 대해 사람들을 교육하거나 즐겁게 하기 위해 고안된 기타 형식의 콘텐츠가 포함될 수 있습니다.

차 문화 콘텐츠는 여러 가지 이유로 중요합니다.

전통의 보존: 차 문화는 여러 세대에 걸쳐 전승된 풍부한 역사를 가지고 있습니다. 차 문화 콘텐츠를 제작함으로써 우리는 이 전통을 보존하고 앞으로도 계속해서 감사하고 가치 있게 여길 수 있습니다.

교육: 차 문화 콘텐츠는 차의 종류, 기원 및 문화적 의미

에 대한 정보를 제공하는 귀중한 교육 자료가 될 수 있습니다. 이것은 사람들이 전 세계 차 문화의 다양성에 대해 배우고 감사하는 데 도움이 될 수 있습니다.

건강한 습관 증진: 차는 종종 스트레스 감소 및 이완 촉진과 같은 건강상의 이점과 관련이 있습니다. 차 문화 콘텐츠를 홍보함으로써 사람들이 차를 일상생활에 포함시키고 많은 건강상의 이점을 누릴 수 있도록 장려할 수 있습니다.

사회적, 문화적 연결: 차 문화는 다른 사람들과 함께 즐기는 대중적인 음료이기 때문에 종종 사회적, 문화적 연결과 관련이 있습니다. 차 문화 콘텐츠를 공유함으로써 우리는 이 공유된 문화 경험을 중심으로 연결을 촉진하고 공동체 의식을 형성하는 데 도움을 줄 수 있습니다.

차 문화 콘텐츠를 공부하고 향유하는 것은 차의 전통과 역사를 보존하고 미래에도 중요한 가치로 여길 수 있도록 도와줍니다. 또한, 차 문화 콘텐츠는 사람들에게 차의 다양한 종류와 기원 및 문화적 의미에 대한 귀중한 정보를 제공하여 교육적인 측면에서도 가치가 있으며 스트레스 감소와 이완에도 도움이 됩니다. 차는 많은 사람들이 함께 즐기는 대중적인 음료이므로, 차 문화 콘텐츠를 공유함으로써 사회적, 문화적 연결을 형성하고 공동체 의식을 증진시킬 수 있습니다.

Q. 차 문화 콘텐츠를 활용한 6차 산업 발전 방향은 무엇이 있나요?

6차 산업이란 1차 산업인 농림수산업, 2차 산업인 제조·가공업, 3차 산업인 유통·서비스업을 융합한 산업으로, 이 개념은 일본의 농업경제학자인 이마무라 나라오미(今村奈良臣)가 처음 주장한 것으로 알려져 있습니다.

차 문화 콘텐츠는 차의 가치를 알리고 차 제품의 새로운 시장을 창출하는 데 도움을 줄 수 있기 때문에 6차 산업 발전에 중요한 역할을 할 수 있습니다. 예를 들어, 차 문화 콘텐츠에는 차의 역사와 전통에 대한 교육 자료뿐만 아니라 다양한 종류의 차의 건강상의 이점과 활용에 대한 정보가 포함될 수 있습니다.

또한 차 문화 콘텐츠는 장인들이 만들어 내는 차 또는 차 기반 스낵 및 음료와 같은 부가가치 제품 개발을 촉진함으로써 생산자에게 새로운 기회를 창출하는 데 도움이 될 수 있습니다. 제품에 가치를 더하고 새로운 시장을 창출함으로써 생산자는 소득을 늘리고 지역 경제 성장에 기여할 수 있습니다.

전반적으로 차 문화 콘텐츠의 개발은 농촌 지역사회에 새로운 기회를 창출하고 차의 문화·경제적 자원으로서의 가치와 가시성을 높여 6차 산업 육성에 도움이 될 수 있습니다.

차 문화 콘텐츠를 활용한 6차 산업의 발전 방향은 다음과 같은 측면을 포함할 수 있습니다.

프리미엄 차 제품 개발 및 홍보: 국내 외 소비자 모두에게 어필할 수 있는 고품질 차 제품 생산에 집중할 수 있습니다. 이러한 제품에는 특수한 차, 독특한 블렌드, 차 기반 식품 및 음료가 포함될 수 있습니다.

차 생산 및 마케팅에 기술 통합: 여기에는 디지털 도구를 활용하여 작물 관리 및 마케팅을 개선하는 것이 포함될 수 있습니다. 예를 들어 정밀 농업 기술을 사용하여 재배 조건을 최적화하거나 전자 상거래 플랫폼을 사용하여 소비자에게 직접 배달합니다.

지속 가능하고 친환경적인 생산 장려: 여기에는 유기농 또는 저 화학 농법을 장려하고 차 생산을 위한 재활용 및 폐기물 감소 시스템을 개발하는 것이 포함될 수 있습니다.

업계 관계자 간의 협업 촉진: 여기에는 지식과 자원을 공유하고 공동 마케팅 및 브랜딩 노력을 촉진하기 위해 차 농부, 가공업자, 마케팅 담당자 및 기타 업계 관계자의 네트워크 또는 협회를 만드는 것이 포함될 수 있습니다.

차 문화 및 교육 홍보: 여기에는 차의 역사, 전통 및 건강 상의 이점에 대한 교육 및 홍보 자료를 개발하고 차의 문화적 중요성을 보여 주는 체험 활동 및 행사를 만드는 것이 포함될 수 있습니다.

전반적으로 차 문화 콘텐츠를 활용한 6차 산업의 발전 방향은 차의 문화적, 역사적 의미를 활용하여 부가가치 제품과 경험을 창출하는 활기차고 지속 가능한 산업을 만드는 것을 목표로 해야 합니다.

Q. 인공지능이 말하는 차 문화를
   공부해야 하는 이유는 무엇일까요?

차 문화를 공부하는 것은 개인에게 역사, 예술, 철학 및 사회적 상호 작용에 대한 독특한 관점을 제공할 수 있습니다. 다음은 차 문화를 공부하는 것을 고려해야 하는 몇 가지 이유입니다.

역사적 중요성: 차는 풍부한 역사를 가지고 있으며 수세기 동안 많은 문화의 필수적인 부분이었습니다. 차 문화를 공부하면 개인이 세계 여러 지역에서 차의 역사적, 문화적, 사회적 중요성을 더 잘 이해할 수 있습니다.

예술적 표현: 차 문화는 또한 다도, 차 준비 및 차 도구와 같은 다양한 기술과 관행을 포함하는 예술 형식입니다. 차 문화를 공부함으로써 개인은 차 문화와 관련된 다양한 예술적 표현과 기술에 대해 배울 수 있습니다.

철학적 개념: 차 문화는 마음 챙김, 조화, 평온과 같은 철학적 개념과 관련이 있습니다. 차 문화를 공부하면 개인이 이러한 개념과 차 문화 및 자신의 삶과 어떻게 관련되는지 이해하는 데 도움이 될 수 있습니다.

사회적 상호 작용: 차 문화는 다과회와 같은 사회적 상호 작용과 관련이 있는 경우가 많습니다. 차 문화를 공부하면 개인이 이러한 행사와 관련된 예절 및 사회적 규범과 다른 문화에서의 사회적 상호 작용의 중요성에 대해 배우는 데 도움이 될 수 있습니다.

건강상의 이점: 차는 오랫동안 심혈관 건강 개선, 면역력 강화, 스트레스 감소 등 다양한 건강상의 이점과 연관되어 왔습니다. 차 문화를 공부하면 이러한 이점과 차를 건강한 라이프 스타일에 통합하는 방법에 대해 더 많이 배울 수 있습니다.

요약하면, 차 문화를 공부하는 것은 개인에게 역사, 예술, 철학 및 사회적 상호 작용에 대한 더 나은 이해를 제공할 수 있습니다. 또한 개인이 차 소비와 관련된 다양한 건강상의 이점에 대해 배우는 데 도움이 될 수 있습니다.

차 한잔 마시며 생각나는 사람이 있다면
그 사람을 그리워하고 있을지도 모릅니다.

– 신카이 –

お茶を飲みながら思い出す人がいたら、その人を恋しく思っているかもしれません。

その人が私と同じ考えだったらいいですね。

148